女人都不说，男人都不问。

詹仁雄 著

女人都不说，

男人都不问。

人民文学出版社
PEOPLE'S LITERATURE PUBLISHING HOUSE

著作权合同登记号：图字 01-2014-4529

女人都不說，男人都不問。

图书在版编目（CIP）数据

女人都不说，男人都不问。/ 詹仁雄著 .
—北京 : 人民文学出版社 , 2014
ISBN 978-7-02-009676-3

Ⅰ . ①女… Ⅱ . ①詹… Ⅲ . ①性别差异心理学—通俗读物 Ⅳ . ① B844-49

中国版本图书馆 CIP 数据核字 (2014) 第 209958 号

特约策划：吴文娟 潘丽萍
责任编辑：徐广琴 周墨西
封面设计：汪佳诗

出版发行 人民文学出版社
社　　址 北京市朝内大街 166 号
邮政编码 100705
网　　址 http://www.rw-cn.com
印　　制 山东临沂新华印刷物流集团
经　　销 全国新华书店等
字　　数 140 千字
开　　本 889×1194 毫米 1/32
印　　张 7.75
版　　次 2014 年 11 月北京第 1 版
印　　次 2014 年 11 月第 1 次印刷
书　　号 978-7-02-009676-3
定　　价 32.00 元

如有印装质量问题，请与本社图书销售中心调换 电话：010-65233595

作者序

永远不知道对错的课题

这本书原来要叫男人课，出版社这么提议。我说会被骂死吧！凭什么帮人家上课……自己的婚姻都失败了。

我相当明白这并非多虑。

在爱与不爱的法定界线上没走好，在祝福声里退席，是会失去一些被信任的资格，但与其说是心虚，不如说我某种程度也失去了对自己与爱的信任。

那么，我的话，还有说服力吗？这答案似乎也不是我说了算……

十年前，因为太质疑那些纸上谈兵的感情专家，开始在杂志上帮女生旁敲侧击男性眼中的情爱。一篇篇看似戏谑的痞子语气与立场，现在看来，竟是一页页熟男的寻爱日记。字里行间之外，多是男人的寂寞脆弱，虽然稍嫌张狂，但句句属实……

只是几千几万字的推敲，却越写越害怕，我发现原来感觉是会进化的，不会因为男人的粗枝大叶而停滞，每写完一则，便更了然女人那如同化境的细腻感情。

这下问题来了，我不想再探索下去……

不是我懒得再理解两性河流对岸小姐们的阴晴圆缺，而是我更想保有男人该有的粗糙，如同我对修眉毛、敷面膜一般的没兴趣。

于是，我结束了断断续续长达十年的男人情爱翻译的专栏，也卸下了某种程度男人叛徒的身份。其实，也说得够多了……

回到男人课这件事，我想老韩（出版社老板）还是对的，是我误会了。这课并不是我的授课，而是我长达十年的爱情课题、人生课题，以及放下提起的课题。

而且课课都艰难，最难的是不到时机得不到答案。离开的，或许世界一角有更适合的等着；留下的，也许就守得拨云见日，聚散之初的你永远不知道对错。

尽管一晃经年，说的话，放至今日比对竟所差无几。过去单身的朋友仍然单身，寂寞的依旧寂寞，爱吵架的还是烽火绵延，习惯偷吃的也没闲过，原来，该修的课没修过，果然会毕不了业。

当然是有些完美男人没在我的样本里，若阁下幸运，身边的人不符合我所描述。倘使有缘翻到，拜托就此停住，把书扔了……别浪费时间多读一个字，请把握每一秒，用力、紧紧地抱着他，别放手！

目 录

Chapter *1*

初相识
The beginning of love

Chapter

2

在爱里
Fall in love

Chapter

3

背叛爱

Betray

Chapter 4 爱情的结果 The end of love

The beginning of love

初相识

“真的吗？”“是哦……”“好好喔！”

这三句话轮流说，

便是可广泛运用在对付大男人倾向上，

或者敷衍对方不知所云的三句不败金言。

第一课
等你帮我介绍，别了吧

许多寂寞的人遇到异性问有无对象的时候，喜欢用“等你帮我介绍……”这句话来当答案，每个人都听得出来这代表：我单身，我想谈恋爱。不过这句话却有另外两个涵义。一是，既然你问我，其实我觉得你不错，有机会我不排斥跟你约个会。二是，我真的走投无路了，你行行好，帮我忙找个人给我！

如果你也常用这句俏皮又哀怨的话来放电，把它戒了吧。这句话说多了，会让人家觉得你是个花痴，而且要配合表情眼神才有电力，还得对方是个练家子，才懂你在暗示。既然这么麻烦，还不如直接告白。

倘若真想靠异性介绍爱情，把幸福寄托在别人缥缈的热情上，唉……唉……唉……我会先叹三声，再语重心长地告诉你：别傻了！介绍一段美好的姻缘，复杂程度超乎我们想象，那要建立在眼光、热情、善良三个基础上，缺一不可。忙碌的社会，大家赚钱都来不及了，谁有空理会你的寂寞，谁管你啥基础，感情靠别人只能碰运气，别当回事！

就拿眼光来说，经历年少时代学姐说要撮合妹妹，隔壁班女生说要牵线死党的“骗局”后，我就对女人的眼光产生了极大的怀疑，她们会用一些让男性很容易误会的字眼来误导我们，譬如可爱、活泼、有个性……男人心里对可爱活泼的投射是蔡依林，是小泽圆，结果我们开心赴约，坐在餐厅等的是机器猫小叮当，是樱桃小丸子。你……能说小丸子不可爱，小叮当不活泼吗？简直可爱到爆炸，活泼到掉渣。

好，年轻不懂事大家不要追究！随着年纪增加，大家介绍的幅度更多元，譬如气质清纯、识大体……男人脑子里对清纯气质解读的画面是，穿着水手服，会吹长笛，随时脸红的美少女，然后上我们车，坐在右边的是戴着八百度眼镜，顶着西瓜皮发型吃脆笛酥，不断啃着短指甲的资深才女。你……能说三十几岁只跟男人牵过手的才女不清纯吗？当然纯啊！我们虽不甘心但能否认吗？

我们唯一能认同的识大体的部分，是你推托公司有事要先走，她会回答：“喔！那我也回公司加班好了……”识大体啊！我们公司最需要这样的人了。

所以女人没说谎，是男人想太多，彼此没共识罢了。但眼光其次，被吓到过两天就好，你会怀疑自己在别人眼里的定位：“难道她们觉得我跟卡通人物比较配？”“为什么她们会觉得我喜欢她？”除了纳闷之外，还掺杂了被羞辱的挫折感。

我听过一个说法，除非有好处，女人永远不会介绍比自己优秀的人给男人……姑且不论真假，介绍人善良真是所有条件的第一名，因为除了你老妈，没人有义务帮你拉红线。但撮合失败的例子时有所闻，识大体的人会委婉地说彼此没缘分，脾气差的掉头走人，抱怨媒婆看不起自己，最后红线没连起来，友谊却断了，为了段八字没一撇的感情，好友反目还真是不值得。

我的朋友前两天相了一次亲，介绍人拍胸脯保证最少八十五分，但他连沙拉都没吃就落跑了，今天他在 MSN 上告诉我，介绍人没说谎，“因为满分是一千分”！有鉴于此，我的结论是，你可以寄语白云，逐梦天涯，但真爱要靠人介绍，不如省省吧……

还有，女人和我们真的不一样，除非你是 gay，别相信她们择偶的眼光。什么？！你不服气？那我举个例子：有三位美女同样漂亮，同样有钱，但她们各自拥有对方没有的优点，一位很有爱心，一位很有能力，一位很会打扮。你会选谁？

……

告诉你，我们男生会选胸部最大的那个！

有个女孩曾对他说，“我爱你”算是一种承诺。后来，他对一夜情的女生都说：

我喜欢你。

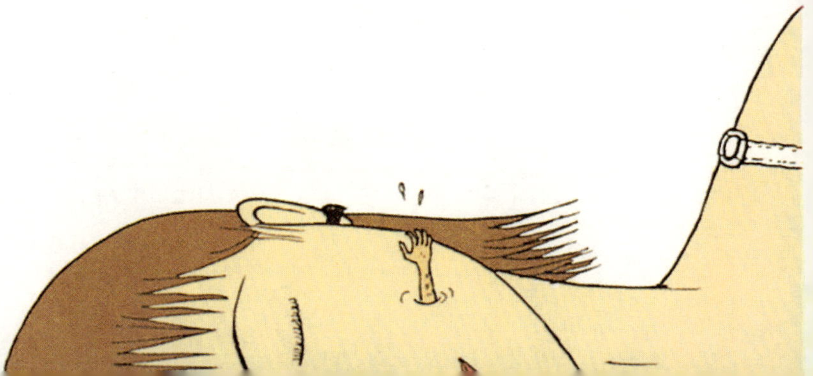

爱情这条路，总是有段时间会变成单行道，只进不出，或只出不进，

但不能持续这种途径太久，因为一个方向到底的路叫做死路……

第二课 没有日久生情这回事

男人的心中有一条线，区分着喜欢跟不喜欢，爱或不爱，模糊地带很窄，暧昧时区很少，那不是一条河、一座山、一片峡谷，充其量就是一条线，而且细得像是锐利的刀锋，感情放在上面应声断落，友情的归友情，爱情的归爱情，丝毫不含糊……

我问过很多弟兄们的想法，大家的差异极少，也就是说，通常在第一眼的瞬间，男人便已经决定了遇见的女人在自己生命中的位置……就算偶有失策，但总会在酒醒时、上床后、天亮前……看见卸过妆、洗掉眉毛、拿下魔术胸罩的对方的第一秒，马上把误闯爱情区的情意给捡回来。

当然，男人还是鲁钝的，通常意乱情迷的时间，会因为女生的伪装功力高超或自己经验不足而有所延长，但也一定会在谈到明天、未来、永远之际而有所迟疑。那个迟疑如同沙漠中的金字塔，矗立在我们的心底中央，巨大且明显。男人一旦如此，便不会原谅你们早上的口臭、喝醉痛哭的丑脸，甚至漂浮在马桶忘了冲的大便，还有你妈妈的唠叨——因为那会提醒我们，你二十年后的样子就是如此。

我们会在凌晨惊醒，会在开车时突然踩刹车，会在主管训话的时候，不顾一切地拿出大楷毛笔写下“分手吧！”三个大字。男人的冷血对没有爱意的人表露无遗。你们说，感情可以培养，抱歉！我们培养的是上床的气氛，不是感情。你们说，情人眼里出西施，对不起！男人只有当兵的时候，母猪才会赛貂蝉，退伍后恐龙就是恐龙，没得商量。你们说，爱可以包容一切，不好意思！那是女人专用的励志小语，看见你们越多缺点，躲开的理由就越能成立。

我们不像你们美化爱人的鲔鱼肚，说它可爱；我们也不会柔焦皱纹，说那个好有味道；我们不会因为各位的照顾奉献而激发信息素，我们学不会日久生情的本事……真的，男人真的没办法对一个没感觉的女人累积爱情。我很难细述男人那条划分爱情的线如何界限，但绝不是光靠长相来决定，这跟你们忽然发现自己一点都不爱身边的人的感觉很类似。只不过我们放在前头，你们摆在后面……但那种直觉强烈得像蛇对恒温动物的敏感，一点都无法忽略……

不过，似乎也不用太悲观，生物一直在进化，那些粗枝大叶的男人会因为找不到女朋友被淘汰，再过几百年，我相信男生也能跟女生一样，演绎出日久生情的本能。到时候男性同胞就不用再被女人的长相、个性、说话的音量、撒娇的方式误导，我们也可以倾听心里的声音后，再决定感情的发生，我们也能够优雅地说：“大家先从朋友做起……”之类的鸟话了。

什么？！到时候女生就进化到自体繁殖，不需要男人了？耶……别这样……你们还是需要有人帮你们开门、提东西的嘛！别学男人的冷血，那就太不健康了！

在爱人面前，不管几岁，再威风的男人都会撒娇，
多聪明的女生都会装笨……

第三课
瞎妹，就是好妹

我有很多聪明的女生朋友，个个伶牙俐齿嘴巴不饶人，听她们在讨论起哪个女生是瞎妹、哪个女生没脑子的标准，我很容易比对起……曾有过火花的一些美眉……

但越听心越凉，便偷偷暗自发誓：哪怕是我喝醉到吐了八次，连老爸的名字都记不起来，也绝不会露了口风说曾跟谁有过暧昧……哪怕他们用榔头隔着电话簿敲我胸口，用电击棒电我的脚底板，用鞭子抽我的蛋蛋，打死都不会讲，连姓什么都不说，哼。

但我要说的不是关于聪明女生的种种，我想自省的是：既然有这么多聪明的红粉知己，“为什么我还会喜欢她们口中的笨蛋”？或者“男人们，怎么明知道对方是笨蛋还会喜欢”？ 严格说来，我不敢有认为谁是笨蛋的优越感，我只是懂聪明的女生口中所谓的笨蛋类型。

那无关智商的高低，就像我们看男生勇不勇敢的直觉判断。男人会对你们口中的笨蛋有感觉，十之八九当然跟外在有关。可是女生们千万别误会，不是当男人被那些表象所吸引的同时，就变成你们想象的那么无意识、那么色胆包天。

尤其当男人过了一个阶段，一个岁数时。

我的意思是，除了生物性之外，不笨的男人何以能够跟在“女性世界”里很笨的角色缠绵悱恻，我的上半身思考后的答案是，经验不够。真的，我们普遍的经验太少了。男人不像你们从办家家酒的年纪就开始去练习要当谁的太太，绑辫子的时候有大把的时间去幻想跟谁手牵手，青春期过后，再怎么样都有十个八个人追过，谁跟你告白，马上变成你们姐妹淘的话题。判断谁好、谁不好，是你们推敲了多少个夜晚养成的“能力”。我们呢？

哪个男生从小爱玩办家家酒的？幻想要娶的人，后来都变成了别人的太太。发育以后，对异性通常都是单兵攻击，没人能商量，我们的位置是被选择，被单一对象选择，我们理解的部分，只有可以或不可以，失败了就找下一个。

绝少男生一次可以约八个十个，所以我们对女生的探索，几乎都是从约会后开始。男人终其一生，又能真正了解几个女生呢？而且男生跟男生，不会花一个下午去研究女朋友的某一句话，某个表情后面的涵义。很抱歉！爱情这个关键词在雄性的世界里不是“热门搜寻”。

说实话，若非《欲望都市》常常有露点的养眼画面，我们不太有兴趣看。

就这样，本事不足，彼此又不讨论，以至于我们搞不懂：女生的拒绝不一定是拒绝，女生生自己的气就是气你；我们不懂那些花边的眉眉角角，原来女生会因为自己今天不好看而拒绝你的邀约，是为了下次给你看更“漂亮”的自己。我们以为的拒绝就是拒绝，再也不联络。

现在我懂了。

但离我单兵攻击的爱情模式已过了十几年，也代表我错过了好多聪明细腻的女生。要怪自己，还是怪聪明的女生不给机会?

女人一个月只有一个卵子，它会提醒你，仔细去挑选进来的精子优良与否，确保下一代可以强壮，这是你们与生俱来的能力。但即便天性如此，你们看走眼的几率也不小。你们会因为寂寞，因为同情，因为八百个无聊的理由爱上一个糟糕的男生。那更何况天天都可以产生千万个精子的男人?我们的寂寞并不亚于你们，虽然男人跟寂寞连在一起好像很娘，但我们的寂寞更耐不住呀!毕竟每天都有千万个“兄弟”，要求我们上工，去完成人类最伟大的使命，怎么会因为眼前的可人儿是个草包而否决了浪漫?我不是在解释，只是想让你们多点角度看事情啊……

我是在自省。

经过了些感情的历练，那看似精彩的短暂激情，终究会因为熟悉而变得不好玩。原本觉得可爱的傻气不“成熟”，忽而变为最碍眼的负担，最后还发现，名车、豪宅、抬头，甚至是艳遇都会褪色。男人最亮眼的勋章，竟是一段稳定的关系，一个陪你最久的人。稳定的关系的支柱，不是长腿，不是漂亮的脸，不是无辜的表情，竟是智慧。

往往那些可以天长地久的智慧，用女生的眼光检验又特别的准确，更让我们想替曾经且你们轻视的暧昧对象辩驳而语塞，只好毛骨悚然地承认，对对对，你们眼光的确比男人好。

可是话说回来……

也许那些入围不了你们聪明资格的傻妹，她们某些时候无怨地付出，需要被保护的软弱，或什么都不懂的天真……会不会是各位聪明的女性同胞们，被爱情和臭男人伤害过后，自我进步，演化成更厉害的角色的同时而忘记的事情?

这似乎是除了年轻肉体外，更让男人昏头转向的重点，当然你们可以继续咒骂男人的愚昧，冷眼地看着男人们在所谓的笨女人的网中挣扎。

但这改变不了：最强壮的男人依旧会为了最虚弱的女生的撒娇，去冲锋陷阵，被千夫所指。哪怕那充满爱意的眼神，来自一个没装东西的脑袋。老天爷知道，再聪明的男人的爱情智商，跟再笨的女人比起来，还是差得远了……很远很远啊……

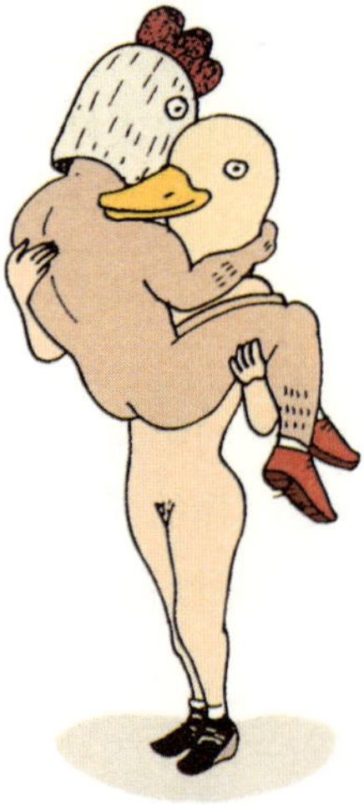

就喝醉的男人而言，哪种女生最正？

答案是：对他有意思的那个！

第四课
男人的叛徒

女人每个月只排一个直径为零点一毫米左右的卵子，例外情况才会有两个或三个，整个春夏秋冬的产量也不过才一打，如此限量的条件，为了确保下一代健康安全地长大，各位从小就知道要用最严格的标准，开放给你们认为强壮的异性精子来着床……

所以，女人爱到浓时可以放弃面包，无所谓高矮胖瘦，倘若要怀孕，要组成家庭，相信姐妹们顿时冷静起来，远古时候会挑打赢的老大，现在会选经济能力稳定的精英，并非现实，此乃生物性直觉。

这可不是帮拜金或外貌协会的女生说话，其实各位理性的姿态，无疑担负着人类能够存活至今的进化使命……很多女生连自己都不明白，你们品尝孤单，坚持信念，冷眼旁观那些没有竞争力的追求者的热情，是一种伟大的残忍，更可以说是一部用寂寞孕育出的人类生命史诗巨著。

但每天可以生产一千万颗精子的男人不懂……在两性世界里扮演着播种角色，意味着我们要以量取胜，并打败其他的掠夺者，于是在生物性的驱使下，男人常生冷不忌，取得最佳的繁殖机会……也就演化成你们爱讲的下半身思考。

这样的先天构造差异，别说不懂你们迂回的脑部思考，我们连自己的身体都搞不清楚，不然你去问问身边的异性，几个知道男人为何有乳头，睾丸为何是两颗？ 他们八成一头雾水……

还有些弟兄很过分，竟然把保护小孩衣食无虞的精密防护计算，简化成你们爱钱；把对好莱坞男星的腹肌和韩国偶像的俊美的欣赏，浓缩成你们肤浅。让那些尊重生命延续的美丽佳人背负臭名，已经接近可恶……我为他们的愚昧感到深深的遗憾。

这个论点我也是上网看了很多资料才领悟的，迫不及待想跟一位迷恋大胸部的朋友分享，没想到他给了一句话："听你鬼扯蛋，名牌包跟繁殖有个屁关系……爱慕虚荣就是爱慕虚荣！你这个男人的叛徒，还帮她们讲话。"

好吧……既然他讲到了蛋，顺便分享我查到的答案：两个蛋蛋的原因是一个坏掉或受伤了，还有另一个可以用，就像舞台剧里一定有备选的主角一样，男人要随时可以展现雄风，如同我公鸡般的友人……可是他肯定不知道自从人类一夫一妻制以后，因为不用再抵抗别的精子，人类的睾丸已经越来越小，在哺乳类中只比黑猩猩大一点（因为它们终其一生只跟一只母猩猩交配）。

我相信，在女生掌控着消费的市场与避孕措施越来越好的未来，我们的精子不再有那么多的作用，终有一天，男人的蛋蛋大小会输给黑猩猩……到时候，我那个只爱大胸部的朋友就会明白，当个叛徒来换取爱情温饱与女人的青睐，是多么值得。

男人即使到了一百岁，每个陌生的女体也都像未知的星球，

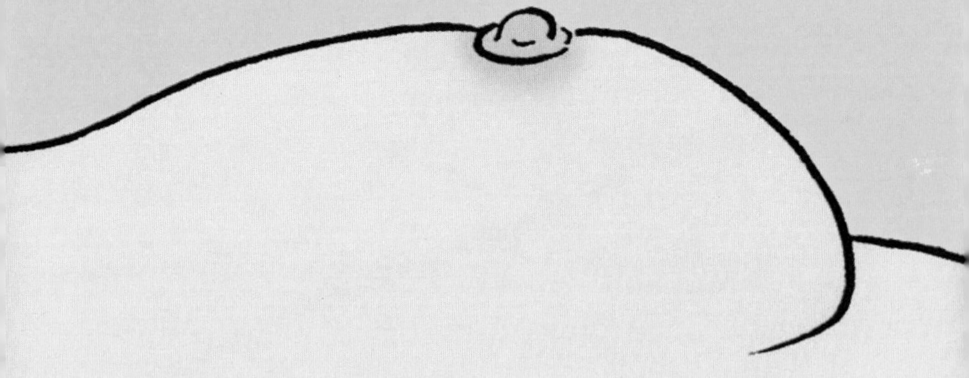

无比的新奇。

第五课
洋葱般的自信

有人用洋葱形容过日本民族，说他们受太多外来文化的影响，像一层层的皮覆盖在国家上面，若把中国、美国、英国、韩国……这些皮剥掉，会发现日本的中心是空的，不像李子、桃子、苹果，他们没有核，我觉得挺传神的。

不过，比较起来，很多中国男人的自信……更像洋葱，拿走金钱、权力、俊俏、肌肉这些表象的皮后，我们的自信稀薄得像高山的氧气，还多了所谓的“尊严”，这个让女人掉泪的呛鼻味儿。

我打赌很多的姐妹们都被男友试探地问过：“如果那个……有钱的小开追你，你会不会答应？”“那个像某某某的帅哥若对你有意思……你可不可能心动？”好像一台买不起的敞篷跑车就可以超越多年的感情基础，一个高挺的鼻梁或肩膀就能撑起女人的爱欲。男人还问得吞吞吐吐、遮遮掩掩的，生怕被女人看到心底对自己没信心的软弱，有损男性的气魄。

事实上，我们真的不太肯定自己的价值……也很少问自己到底哪个地方特别，哪个优点无可取代，可以吸引女人终生只爱自己一人？原因是年轻时，除了那几个会打篮球的帅哥能有机会和异性亲亲嘴，早一点学习到单手解胸罩的技巧外，我们这些平凡男生哪里懂女生欣赏什么啊？爸妈很少说，老师几乎不教，我们只看到那些温良恭俭天性敦厚的平凡好男生，一次一次成为女生的司机、出气筒、知心人，就是当不了真命天子。

所以从很小的年纪开始，男生们口耳相传不变的定律就是“哎呦！有钱，要什么女人没有？！”，就算换了八百个死党，大家的说法几乎也一字不差，只有前面的感叹词有时候会变成“看！有钱，要什么女人没有？！”长大后又发现，每个春梦里的女明星、主播、名模，不是被国语讲不清楚、比女人爱照镜子的男偶像把走，就是被没当过兵、矬矬胖胖的富二代三代娶回家，有时还要忍受那些丑得跟鬼一样的什么导演、制作人假公济私和梦中情人共谱恋曲。

因此，我们得到结论，从偶像帅、导演有权、企业家有钱，可以推算女人喜欢帅气、有权力、有钱的男人，这是追求优质女性的三大筹码，最好你有其中一样，否则就得选人家剩下的……此般的情势，让男人很难不去把这三个标准当做我们面对爱情的基本自信，尤其是财富……唯一可以靠后天拼来的条件，成为我们最可倚赖的权杖。就在努力致富的同时，很可能疏忽了本身最棒的特质，我们都变成了爱情逆流中的鲑鱼，一心想到有钱的水域，就有母鱼交配了，别笑！男人很多时候阴险，但经常逻辑简单得接近蠢。

这该怪男人还是女人？我认识几个跟有钱人在一起的美女，她们大多曾经跟过穷的、不帅的男生，有段海誓山盟的日子，只是那些幸运的家伙不是背叛了， 失去单纯了，就是忘了自己最根本的价值……

让这些优秀的女人在对男人失望后，干脆选一个衣食无虑的对象当作终点，反正，男人都是猪，还不如找只有钱的猪。事已至此，似乎难以扭转颓势，可是我每天打开报纸，还是抱着期盼，期盼有天影视版能够出现这样的头条“当红女星下嫁不高不帅的乡公所职员……拒绝大批达官显要电子新贵求爱……”，理由是这个男人专情善良孝顺体贴，并且清楚自己的价值……嘿！这比起什么八卦都有意思，而且精彩多了！

四十岁的男人最常穿的两套衣服，一是伪装，一是武装。

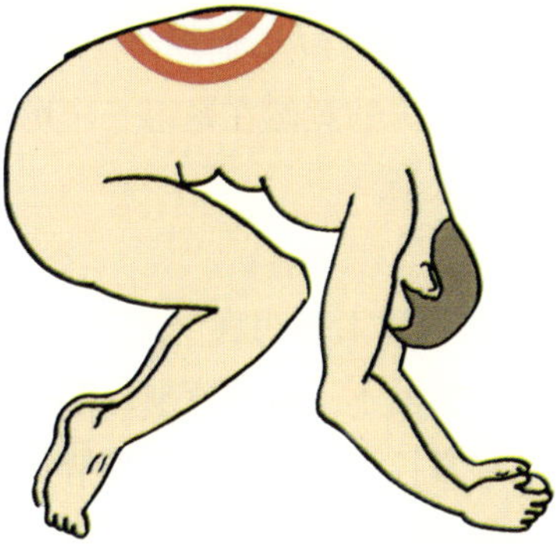

动过手术的人可会晓得，打麻醉要把身体蜷成虾子状，方便麻醉针从脊椎注射。你要在完全看不见的情况下，用主掌你站立的支架去迎接尖锐得会使你瘫痪的针头，很无助……

第六课
爱的通关密语

泰莉拒绝了一个很不错的对象，众说纷纭却没人猜中原因。直到她说了让人吐血的答案，大家才晓得，泰莉的爱情原来需要通关密语。

泰莉很喜欢捉弄人，尤其是她看得上眼的男人，而那个“滑铁卢”的家伙显然是不解这个道理。她说，那个男的竟然在她第一次玩猜谜语的时候，马上讲出答案。这简直太煞风景。

姐妹们劝道：那不是很好吗？代表这个男人聪明啊！没想到她说，才不咧！这么厉害，以后会被他欺负，怕治不了他。原来，泰莉爱在追求者无助的表情里找到快感。是某种掌控权，是泰莉在爱情开始时设下的某个关卡，让男人做对动作，便可以进入下个阶段。说出了通关密语，就得到闯关的门票，无论这男人其他的条件是否符合。这就是大美女泰莉的游戏规则。

当然，泰莉或许搞怪，却绝对不是唯一有这种习惯的女性，也许可以说，每个女人都有一个敲开心门的通关密语。男人开了门便可一路直抵终点，弄错了，管你潘安再世、富贵逼人……照样把你当成登徒子，连邮政编码都不告诉你。

这种例子随便举都一大堆，就像雪莉绝不给不爱小动物的男人机会，只探索人类感情的异性一律出局，猫、狗、兔子就像长毛的许可证。姚姚看到不会帮她开门拉椅子的先生，马上扣分，万一对方不察还脱口说出几句脏话，哪管你有没有问候到父母，大家以后不用联络了。绅士风范是她的最低门槛。这跟爱丽丝恰巧相反，她最嫌恶男生咬文嚼字的恭维样子。身为文艺知青的她，看尽繁言蔓词背后的做作。不修边幅、有话直说才能拿到爱的号码牌。还有凯瑟琳，她绝不跟付账时拿钱包拿个半天的抠鬼约会。美乐蒂对跟前女友纠缠不清的多情种敬谢不敏。琼安完全无法接受手机不给检查的情人。史蒂芬妮讨厌约会时，一上车就问她要去哪儿的二愣子。迪妮丝见到露出的鼻毛跟没剔净的菜渣，会跟对方说她家失火，马上闪人。

不过，最偏执的莫过于宝儿，若你没听过平克·弗洛伊德（Pink Floyd）的歌，她会认为你的灵魂根本还没被解放。对她来说，你是进化不全的低阶产品。你俗气的位置就像平克·弗洛伊德的歌名，会被放在月的阴暗面，别说交往，连 MSN 都把你封锁起来。

这对男人未……未免也太严苛了，其实，我们都知道女人难搞……不是……我是说女人难懂。也了解小姐们天生的细腻，但是，男人比较粗心嘛！通关口令略微不标准的时候，各位被追求者不妨高抬贵手，通融一下，不要急着打分数，因为现代的男性进步很多，电视天天都在教啊！那些被抛弃的怨妇奚落男人的话，像魔咒似的几小时重播一次。

一些基本讨好你们的事情，我们都快背起来了。比如，抱小孩、喂小狗小猪、看米菲兔卡通，代表有爱心。要在你坐计程车回家的时候，帮你记车号，代表我体贴。要陪你看女明星卸妆再化妆的无聊过程，代表两人有共同的喜好。要明白模特儿的身材都是假象，全台湾只有那几个好。要知道嫖妓这件事是万劫不复的无耻行为，全世界只有理查·基尔可以做，你们感动的眼泪是因为在电影《风月俏佳人》里他带朱丽叶·罗伯茨去买衣服。总之，要对女人坏得有道理，好到没道理……这些我们都懂了。

可是，在我们做错动作，被判淘汰前，你们能否想想，不抱小孩是我们笨手笨脚怕摔到；不碰猫狗是因为我们过敏怕鼻涕喷到你；没帮你拉门是因为你们不习惯走后面，而且有的门是用推的；手机不给看，是因为我们还有一封要传给你的感人简讯没写完；跟前女友有联络，是因为要把信跟照片拿回来烧掉；钱包掏很久，是因为要装更多钱让你们花，才卡在小口袋；拿不定主意去哪儿约会，是怕你们去腻了我们常去的地方；鼻毛跟菜渣是为了引起你们注意，想象你们会摸摸我们的脸说“真不小心……”，没想到起了反效果，下次我们会改。

至于平克·弗洛伊德……那是哪位啊？我承认，真的不认识，但如果这是件重要的事，我们也愿意去听啊！管他是平克还是法克，吩咐一下就行了嘛！男生追求你们的时候，什么低声下气的事做不出来……我的意思是……为了爱，再苦也愿意啊！甚至，为了爱我们还可以梦一生哩！

只是各位小姐的通关密语真的不好找。虽然，“烈女怕缠郎”这句话是男性们广为流传的名言，无奈男生们知易行难。大部分的男生可以花时间找电动玩具的破关宝物，却不太习惯去一再触碰自己失败的致胜关键。毕竟，热脸贴冷屁股的技巧实在困难，妈妈也说那样没骨气……

我不知道这样讲对不对，不管是哪一种游戏，好歹有个破关秘笈，还四处买得到，你们女生谁可以汇集各方的意见出一本范本？帮帮这群最大公约数的男人，否则，像你们规矩多多的正点女生，不是被老谋深算的老江湖把走，就是让死缠烂打的呆头鹅给等到了。这种死老鼠等瞎猫的形态，也不是个办法嘛！等一下！我的比喻不好，你们怎么会是老鼠呢？对不起，本人口拙……一时失言！我换个说法……像你们这群孤立在山崖的绝美兰花，为了世界景观更美、爱情食物链更健康，你们应该放在最多蜜蜂看见的地方。大家都来采蜜，才会有更多小兰花开放啊！是吧？要不然，你总可以像珍妮弗一开始就说清楚，她有五个戒律。她说，男人不可以没礼貌；不可以对她家人不好；不可以穿着邋遢；不可以跟女人眉来眼去；不可以每天要死不活。这是很实际的做法，你们讲白了，男人就算在你的关卡中阵亡，好歹也死有余辜，因为我们真的有自知之明，这辈子肯定不会变成裘德·洛的。

拒绝别人的结尾词，其实不用再说抱歉，
因为怎么样的诚恳都疗愈不了……

这世界太多密码了，银行、信箱、手机、账户，
甚至有的地方连厕所门都要密码，所以，亲爱的，
我们之间，能不能开门见山？

第七课
淫念的美感

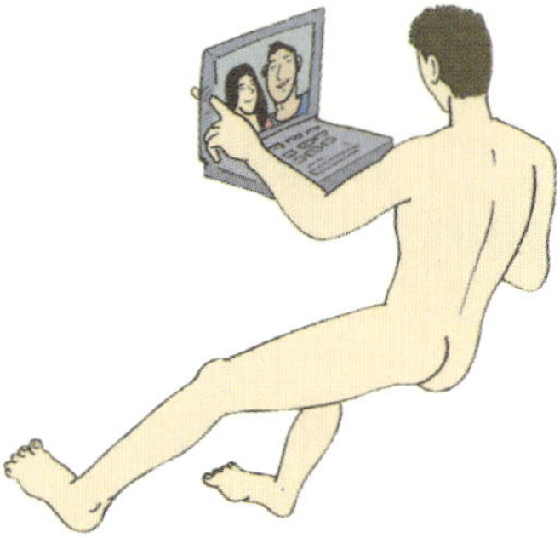

我接受你们常常挂在嘴上的，玷污男人对女人遐想的话，像是好色、低级、没水准……

我也承认，男人的欲望是很容易被撩拨的，随便一只露出来的脚趾，一道隐约在两颗纽扣后的乳沟，一条弯腰浮现的内裤曲线，对男人而言，都像是敏感的牙齿的夏日第一口冰，弄得我们全身神经亢进……

朋友 H 君，楼上住了个甜姐儿，他每天洗澡时，老是幻想他的洗澡水，会先经过那位邻居的身体再流下来（我实在无法想象，水泼在一个快一百公斤的男人脸上的表情）。T 君三天买了七八件衬衫，因为美丽的女店员每次为他量胸围时，拂过脸上的呼吸像七里香，让他欲罢不能（他还说会想到小时候打开饭锅盖的温暖）。

而C君，则是看上他的俏牙医，他去看牙时，都会祈祷诊所的手套会用完，如此一来，他就可以毫无阻碍地和美人医师的手舌吻（这……我只希望医师没有兼任直肠科）。

男人为近乎白痴的行为挨骂，我无话可说，但有一点，各位有所不知，你们眼中的低等淫念，并不是每个都这么没营养，甚至，某种意境上，有些淫念……是很有美感的。

可惜，男人们的表达能力差，呈现出来的样子全成了变态男、怪老头、无聊上班族的粗糙色情念头，所有谈到男人的遐想，都被归到同一个框框内。其实，据我观察了很多友人的经验，我发现，当男人遇到自己欣赏或不排斥的对象，非常习惯先入为主地建构一个虚拟、华丽的爱欲乐园，四周张贴着爱慕者巨型的大海报，空气中弥漫着她耳后的发香，我们可以肆意用自己喜欢的方式在乐园中玩耍……只是秋千没人抢，旋转木马孤单地转，一个人总少了些什么……尤其回到现实世界，我们喜欢的对象，仍旧在乐园之外，因为一些理由，也无法邀请她们进来……男人要独自面对冲突、惆怅、挣扎，其中的无奈不是你们能懂得的。

假如，我们是洛特列克，借着油彩就能把冲突画成法国贵族贪婪纵欲的脸。

假如，我们是查特贝克，靠着低吟就能把惆怅唱成 my funny valentine。

假如，我们是李太白，用一支笔就能把无奈写成“燕草如碧丝，秦桑低绿枝”……

但没有假如……我们是月入三四万的平凡上班族，依照内政部的分类，我们是人口结构中前三多的类别，有人说我们是中产，但大部分的我们仍搞不清楚什么布尔乔亚，所以我们的思春不会是燕草秦桑，在女人眼中，我们是发情的狗、精虫冲脑的猪或不要脸的烂货，那些自作多情的遐想叫淫念，更不可能有美感。

关于这一点，我实在无法多作反驳，你们对男人两性品位的不信任，不可能靠我只字片语来改变，如果你们希望每个男人坐怀不乱、正气凛然，我劝你们，把低胸紧身的衣服丢了，迷你裙、丁字裤也扔了，香水、高跟鞋都倒进垃圾桶，也别再看那些啥放电的一百招、收服坏男人之类的烂书，每天吃颗大蒜（有益健康），披头散发不修边幅（节省时间）地出门，我保证不会有男人有淫念。

大家打个商量，下次，你们再听到男人们在讨论彼此的乐园时，不妨要张门票，进去参观指导做个交流，告诉我们哪儿要栽个花，种个草，挂个风铃什么的，多少让我们的乐园漂亮一些，对于男人的奇想，压抑真的不是最好的方法，你看日本和英国的色情文化，那才叫变态，再说，老是看到那些偷窥、３Ｐ、制服美少女、人妻的字眼，真挺令人反胃的……

一切用钱买得到的东西都可以等，只有贵廉的差别，
然而，在对的时间做该做的事，是急迫的，
因为人会老，心会杂，爱的人不见得都会存在……
热情时光，轻慢不得。

第八课
女人专一不长久，男人长久不专一

已婚二十年的老大哥说过：“女人啊，专一不长久；男人啊，长久不专一！”这句话，总在男性朋友诉说着跟旧情人过往云烟的怀念，而前女友会早就把所有联络人都封锁的局面下，从右脑的某一处跑出来……

女人则是往前看的，才不管男人缅怀着什么，谁理你曾经的浓情蜜意？而且从你这个人身上我已经学到了哪种人不能碰，不代表我会一直爱着你……此时，男人还在沾沾自喜？

这是个有趣的差异。究竟女生能否保持着初恋时的纯真与不计代价？无论生命中经历了多少烂人，多少鸟事，多少影响卵子能否延续下一代的生物性直觉，都不改变你们择偶的初衷？到了三十岁、四十岁……仍旧跟初尝爱恋滋味的眼光一样？

会吗？我个人非常怀疑……

就我看来，女生挑选对象的过程是一条漫长的丝路，走走停停，风风雨雨，不到最后关头，总得不到那成就一生的秘笈，虽然唐僧的目的只有一个，但心理变化肯定像戈壁气候一般，起点跟终点绝对是两回事。也就是说，你们极有机会找一个跟开始完全颠倒的对象陪你到最后，不管是孙悟空，还是猪八戒，那都无关要紧，因为重点是取经，女人实际得很！

但男生呢？男生的喜好会因为职位升迁、肚子变大、发线往后而改变吗？放心！不会！我们这部分的进化缓慢且单调，改变还不大。男人这一辈子，心动的类型就那几种，比你们减肥喝的优酪乳口味还少。我们心中爱人的样子，坚定如同圣杯，差异只有得到与得不到，有能耐的多找几个，没能耐的起码要有几点是符合的，真没办法，就找一万个借口来合理化自己的擦枪走火，等待夜黑风高时又回头找寻那心里的美好原型（我是说梦中啦，别气！），于是，爱长发的就是对短发冷感，被豪乳吸引的看平胸提不起劲，喜欢安静的嫌活泼的三八……

所以，你看多少男人的偷情对象跟老婆女友一个样，也许笑起来很像，可能兴趣相同，如果还无法比对，那不妨看看他的前女友，又或者初恋对象……但也有人会纳闷，既然跟情人相似，何须出轨？

那你得回到他结婚时，老婆的年纪去推论……

先别急着去问你的男人，我说得对不对，相信一定有些话，只在同性之间才能解码。关于这样的论调，多数的男生会不置可否，以免惹来你们的拷问。再说，你以为每个男生都讲得清楚自己要哪种女生吗？那我们何以在两性互动上还像树獭前进的速度般，几百年来才移动几步？

女生会因为环境、因为家人、因为太多敏感的细节去调整自己的情状，来得到更好的结果，所以你会到了年纪剪掉长发忘记青春，你会扛着几十公斤的孩子忘记曾经的孱弱，会看着父母的满意而忘了白马王子的长相……

但男生忘不掉！忘不掉笔墨难书、无以名之的狗屁感觉。

当然有些硬汉不愿在爱人的典型上面让步，结果不是满头是包，就是满腹委屈……比起柔情若水的女生，一路走来，见机行事伸缩自如，男生此方面的韧性落后几个世纪也学不乖……

这是很难得出结论的事，人们总在一堆爱来爱去的缝隙间懊悔，让步，错身，再抱怨爱情怎么老是差一些些，日子久了忽而惊觉，原来这些爱来爱去的缝隙比自己预期的宽阔，然后开怀，领悟与接受……男生要懂得这道理，要牺牲很多喝酒、打球、打电动与鬼混的时间，似乎没有太多人愿意……

不如这样好了，对付不进步的男生，你就跑快一点，让他们像缓慢的树獭一样，在孤单的森林里，背上长出植物，失去制造下一代的机会；而能一亲芳泽的男人，他们的小孩基因应该比较好，与其期待树獭，不如等待物竞天择……

你可以喜欢穿子弹型内裤的男人

也可以喜欢留长小指甲的男人

或者是爱抖脚的男人

就怕你完全不知道你喜欢哪种男人

走到后面终究会明白，
你的妥协根本就不是妥协，
因为妥协就是爱情的一部分啊！

第九课
连你自己都不懂，鬼才懂！

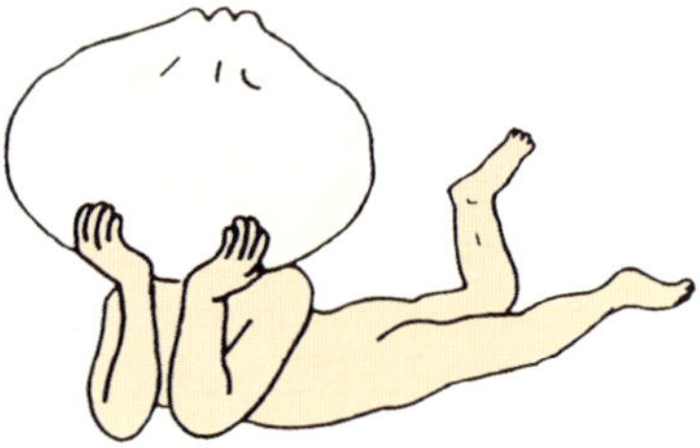

在台湾的爱情世界里讨生活是一件极为容易的事，因为男人绝大部分都挺笨的。帅的没钱，有钱的长得抱歉，有钱又帅的没品位、没礼貌，再不然就是gay；或者也有其他的选择，有离过婚带着两个恨你的小鬼的工作狂，有跟你吵架后会和他当兵的同仁到酒店抱妹妹复仇的怪叔叔，还有蜜月旅行会带着你参加曼谷芭提雅旅行团坐二小时车程看浮水尼姑的土蛋，当然别忘了还有一缸子只想打炮、来路不明的网络优质男。对手弱等于自己强。

而女人也不太在乎，反正男人跟搞政治一样，三不五时呼一呼口号就有了！什么新好男人、酷哥、猛男、阳光男孩，只要你让自己符合其中一样，让她向姐妹介绍你的时候，有个抬头就可以过关了。

不温柔，她们会说你有男子气概；不会点菜，不会甜言蜜语，她们称赞你老实；不浪漫又不会做爱，她们会互相传email勉励彼此说：

"找一个适合自己的，不是找最棒的。"说："在沙漠里你需要的是一张歇脚的椅子，而不是华丽的沙发。"你看……多温良的字句，真的感谢这些写文章的无名英雄，帮我们男人教育女性。

还有更正点的是"古有明训"，女子须三从四德、嫁鸡随鸡，媒体会替你监督她、社会会帮你催眠她，别怕！别怕！把到后的女人稳当得很……所以你说，在台湾过花花草草的生活，是不是简单得要人命？

其实，我不应该泄漏这个我观察了几十年得到的秘密，假使我不说大家不晓得，我不须太努力就能在红男绿女的感情中游刃有余，每天仍然不断有女生像找到异乡同伴似的梨花带雨地问我："你……怎么这么懂我的感觉？"天啊！连你自己都不懂，鬼才懂！

"是你遇到的男人太逊！"

唉……可惜，无奈，大部分的情况我无法说出这句话，我不愿伤害我的同胞，而且我也没好到哪儿去。可惜，无奈，即使没好到哪儿去的我，竟往往没办法找到我的知己，在花花草草、红男绿女的世界里，我仍要在不同的场合、不熟的社交活动中和男人交换观看女生胸部的乐趣，老泪纵横地庆幸自己仍有同伴能聊些心里的话……

虽然已经 2013 年了，
男人在两性关系中，并没有进化到你们想象中的那样聪明，
所以要么让他早点死心，或者明白地讲你有兴趣。
如果，你只是想享受被追求的感觉，
就得同时忍受被用各种笨拙的方法来敲门……

第十课
爱情的底价与杀价

小郑跟一个女孩子已经约会了四个多月，手没牵过不说，别人问起两人关系时，对方连个“名分”都不给。撇清的速度，比纽约计程车遇见挡路人按喇叭的速度还快。这在他的情史里，真可算是惨痛的一页。

一个谈了无数恋爱的自信熟男，困在这场战线又长又找不到标的的战役里，竟像个十几岁的青少年似的，遇到人就问：“我是不是哪里不够好？”要不就咬牙切齿地说：“这女生真是难把到极点……太聪明了！一定是个高手……”

据我所知，这位小姐非但不精明，在她们的圈子里还是出了名的糊涂蛋，她的女朋友给她的外号是——傻大个！因为这个手长脚长的妹妹帮第一任男友背过债；替第二任男友拿过小孩，腰上还留着第三任男友英文名字缩写的刺青，五个月前因为堵到第四任男友带别的女人回家，两人吵得天翻地覆，要不是被赏了两巴掌，两人还有得纠缠。

那怎么回事？小郑比她的男朋友都差吗？“当然不是！你优多了。”我这么告诉赚很多钱又机灵的小郑，“只是你不知道她感情的底价。”这意思不是说长腿妹妹可以用钱买得到，而是在感情上的试探，跟看见喜欢的商品而讨价还价很像，如果不知道底价，你永远得当一个被宰的肥羊……跟所有的条件都无关。

再举个大家容易明白的例子，到过东南亚旅行的朋友应该都被风景区的小孩兜售过工艺品，万一你想买，就算知道他们乱开价格，但在七八岁的小孩面前，还是像个被耍来耍去的傻蛋……难道你比他们笨吗？不！只是因为你不知道底价而已，逻辑就这么简单。

男人一开始哪知道你们过去的履历，我们哪里在乎你数学考几分，作文写得好不好，还是被几个人骗过。我们只想赶快跟眼前的可人儿确定关系。这是男人的悲歌。我们主动的角色，无可避免地会走到无缘女人叠起的死巷，还常被巷底阴影遮住了我们的部分智商……

一旦你们不把我们当自己人，不显露出需要肩膀的那一面，男人的所有优雅、热情都会被你们形容成猥琐企图。我们只能且战且走，胡乱出招，要一个智商不足的男人从迷途找到原有的自信，以及被拒绝的原因，你们知道有多难吗？告诉你，好比狗失去了鼻子，啥都感觉不到！

“反正追不到也没什么好哀怨的，不就是没当你是自己人。”我安慰小郑。他满满的自信，在此战中一泻千里。“那……她有可能把我当做自己人，告诉我底价吗？”平常精得跟鬼一样的老江湖，突然冒出一句少女的粉红色问题，让我不知如何接招。

“我哪知啊！！女生爱男生的原因，有时候虚无到让人喷饭，这只是我观察出的结论……我又不是爱情专家……”而且，哪来的爱情专家，那些教战守则有个屁用，找对人就对了。“总之，你不想杀价就找个不二价的店嘛！老是在那里打转也不是办法。”我又说。小郑没听到他希望的答案，给了个白眼就走了，他现在只需要再追下去的理由，没心情听我分析。但真有不二价的感情吗？我不知道……想必那种感情非常无聊，买卖不能杀价，还有什么乐趣可言！？

最苦的不是期待落空，而是明知会落空而期待……

演唱会的安可曲是个不成文的规定。
正如观众叫好拍手，是落幕前歌手享受掌声的基本权利……
就像你追求的意中人，或许早就答应，
不过打开心门前，看见男生最后冲刺时的热情、殷殷期盼，
也是女生在确认前的必要规则。

第十一课
追女生的定义

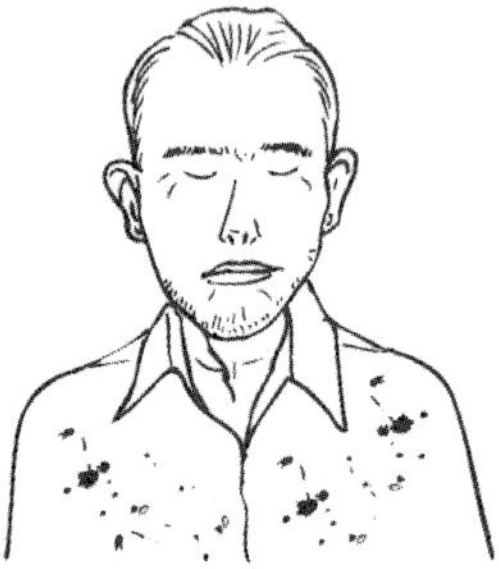

听说在南美洲厄瓜多尔，靠近哥伦比亚附近的水域有一种淡水鱼，公鱼每到春末夏初就会疯狂地找母鱼繁殖，只要见到任何的母鱼就会靠近她身上磨蹭……但有趣的是，他只会在特定一两只母鱼的体外射精，然后再疯狂地找其他母鱼磨蹭，科学家们想研究这种鱼交配时是否有快感（生物界会高潮的两种动物只有人跟猪），否则无法解释公鱼不断找母鱼搅和的目的。

我不懂鱼，甚至不太吃淡水鱼，所以这些南美洲的长鳍朋友，我们的讨论到此为止。但这个公鱼的行为模式，在我们男性的对话中，有个不太文雅的代名词叫“打带跑”，没事到处磨蹭，没有未来，大家开心，温存后，我们马上落跑，女孩们会说，自作多情的死男生真没水准……

自作多情、到处磨蹭的只有男人？这可不见得。我听过好多女生为了抬高身价（尤其是美女），说得自己好像有八百个男生追求一样，跟她要电话叫追、约她吃过饭叫追、找她看场电影叫追、载过她回家叫追，有的情感丰富的女生，连你帮她夹个菜、提个东西都叫追。

我实在无法了解女生对追的定义是什么。我个人认为，所谓追，应该是男生对你有相当的好感，并且，以认真交往当前提且付诸行动来证明自己爱意的行为。他能够在烈日当头时去买你的午餐，凄风苦雨的凌晨张罗你的宵夜，可以为你妈妈买毛衣，帮你爸爸洗车，替你弟弟修电脑，带你去吃喜酒参加同学会，迫不及待想让所有朋友认识你，被你不断拒绝冷眼相待，还是兴高采烈地笑脸对你，诸如以上的行为，你们要说追，我深表赞同，也比较符合男生心中对“追”这个字的定义。

若你的假象追求者只是爱拈花惹草，那也就罢了！最怕的是，那种找不到人才想起你，半夜临时找你去唱歌，喝醉了打来说一堆废话或找你挡酒，一个人没伴讲话吃饭的男生的邀约和热情，那不叫追，那叫交朋友。如果你还认为那叫追，那我告诉你，这样的男人一次追五十个，可以凑成一班，而你的“被追求同班同学”有欢场女子，有爱喝挂的饭局妹，和男人随便勾搭的辣妹、艳妇、小野猫……某个程度上，你只是男人寂寞时的可抛式伴侣，你被追的原因除了外貌被肯定外，其余都不值得拿出来讲，你们真的认为那样的行为叫追吗？

一向行事谨慎的小新，两天前气急败坏地说：“你记不记得那个……那个脸上有颗痣的……伊娃？”“记得啊！”我回答。伊娃是一家公关公司的企划，长得不错。“X……我已经一年没看到过她了，她竟到处跟朋友说我在追她！”小新满口脏话，感觉他真的很在乎被讲，“X！连她姓什么我都不知道……我、我、我才打过两通电话给她，见面不到三次！X！说我在追她！”他把见面的次数、情况巨细靡遗地说了一遍，证明他的清白。

其实，小新不太需要向我证明，以男生的观点，我知道那个女生之于他，就像南美洲只用来摩蹭的淡水母鱼，一点意义都没有。“那表示你的行情好啊！人家才会把你列在追她的名单里炫耀啊！”我安慰他说。

他安静了一会儿没说话。“王八蛋！重点是她还说我追不到！”小新又是一阵国骂，原来是自尊心受损……我看着他的怒脸，想起当时他对伊娃献殷勤的笑脸，两张脸让人有点连接不起来。我一下子同情起两个人，同情小新没把到还惹得一身腥，也同情伊娃不懂自己在男生眼中的定位，还自以为开心。这件事我得到两个领悟：一、不是只有男生会自作多情，女生也常会错意，还沾沾自喜；二、男生要么就认真追，要么就别去招惹人家，否则就别怕人家把你拿出来当招牌，拿来跟姐妹吹嘘……再不然就下辈子投胎去当南美洲的公鱼，怎么弄都不会有母鱼把你拿出来讲，因为母鱼不用买书就知道每条公鱼都是这副德行，有啥好说的？

帅哥加一种才华，等于，条件超好；
小开加一种才华，等于，条件超好；
平凡人加十种才华，等于，条件还好……

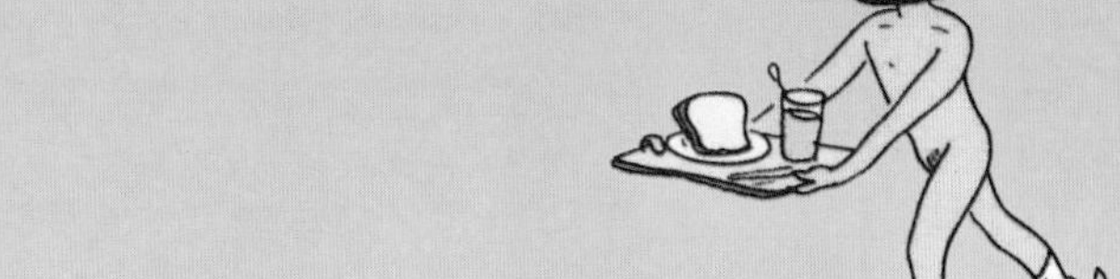

第十二课
活该，谁叫你帅！

阿喀琉斯是希腊神话中刀枪不入的战士，唯一的弱点在脚踝。换成中国人的讲法，脚踝就是他金钟罩铁布衫的罩门，懂吧？

其实，阿喀琉斯应该是没有弱点的，但粗心的妈妈在他婴儿时候帮他泡药酒固筋骨时，头下脚上抓着他的脚踝，害他那部份没泡到，所以也就形成了他致命的一环（别以为我瞎讲……真的啦！不信你们去看希腊神话的故事书）。

希腊神话里，对阿喀琉斯帅不帅似乎没有多着笔墨，但若他长得也像电影里的布拉德·彼特……那我肯定，弱点绝对不只脚踝！帅哥的弱点……还真不少！我必须先说明，我所谓的帅哥是指真的长得好看的男生，那些常被酒店公关槟榔西施面摊老板娘为了做生意叫帅哥的猪头，请不要对号入座，我今天讲的事跟你一点关系都没有，少在那里臭美！

说到这里，我不禁要为男性的诚实喝彩，我们男人绝少会为几个臭钱，叫一只恐龙“美女”，若有人这么做，那个男生八成没办法在雄性的世界里抬头挺胸过日子。如果他还长得帅，我们会叫他小白脸、小狼狗或吃软饭、窝囊废，比那些抢女人钱包的丑人好不到哪儿去。帅哥也许帅，上帝好像给了他们一个条件，能够更强壮地活在世界上，却也同时给了他更多的弱点。

我一个一个说给各位听：第一，好看的男人普遍介于“笨”跟“很笨”的中间，原因很简单，当大家为前途或为了内涵在漫漫长夜独自苦读诗书，万里晴空孤单钻研学问的时候，帅哥们呢？华灯初上时他们唱歌、跳舞、划酒拳，阳光灿烂时他们赛车、冲浪、打篮球，不但有辣妹伴唱，还有清纯女同学擦汗。而用功的人只有妈妈的爱心跟爸爸的期待，虽然妈妈也会擦汗……但感觉真的差太多了！我们宁愿把精神放在书里，帅哥从小就要收情书，寂寞的女生又这么多，哪儿来时间翻书？没笨死就要偷笑了。

第二，好看的男人普遍受不了挫折，尤其是感情，因为长得帅，从小就有一堆的暗恋者、仰慕者，让他们不用献殷勤、送礼物，自然会有女同学投怀送抱。当我们还在写开头是“嗨！芬，很冒昧这样称呼你……”，结尾是“如果你不喜欢我，就当我没讲过这些话……远处祝福着你的阿奇。”这种搞不清楚状况的烂情书时，他们已经会算女生的安全期了。帅哥很早就学会了辨别谁好追、谁不好追的能力，所以当他们发现女生对他们没兴趣时，他们不太会努力，反正一个班有三十几个女生，全校有好几百个女同学，不缺你一个。帅哥习惯养尊处优的爱情位置，帅哥不会摇尾乞怜，也就注定他们受不了挫折的状态。

第三，好看的男生普遍没啥好朋友，男人会互相肯定的，脸蛋绝对摆在最后面。但帅哥自小就是妈妈的交际花，阿姨姐姐看到就要捏一把抱一下，夸他鼻子长得好、睫毛长得翘，因此他熟悉的是女人的喜好，他的自信建立在脸蛋上。可是男生谁理你睫毛可以放几根火柴、鼻子挺不挺，海扁娘娘腔是很多男生的最爱；长大一点，大家都穿一样的制服，帅哥偏偏就要改东改西、标新立异，加上我们喜欢的女生都喜欢你，久了谁想跟你交朋友？

渐渐地，随着时间推移帅哥的弱点还会变大。帅哥小时候笨，靠脸可以度过一段美好时光，年少时候骄傲不去碰难搞的女生，学校就是他的后花园，多的是备胎，学生时代没知己无所谓，同学一起上课，隔壁总会有人坐，不会感到失落……可是毕业了、长大了，当初躲在家里念书的同学，在社会上变成精英，他们是高阶主管、医生、律师、科技新贵……难搞的美女被这些当年不堪一击的矬蛋，用最没技巧、最卑躬屈膝、你最不擅长的泡妞方式把走，而且再也没有异性会写情书给你，十几个人的公司只要有个长得不差的女同事，随便都有八百个人在追，你的角色是好看的路人甲。

帅哥走投无路只能在网络世界里靠帅帅的照片骗人，要不然就在寂寞姐姐堆里嚣张，唯有那里，长相还有些附加价值，也还能挑一些软柿子吃，还找得到自己送上门的女人，这个习惯慢慢变成宿命，毕竟，要从帅哥学校中毕业真不容易……最后，不变的是，成年男人的世界里对漂亮男人的脸依旧不屑。大家看的是你公司的职位、车子的款式、一个月的薪水……没人会管你笑时牙齿白不白，眼神忧不忧郁，乔治·克鲁尼如果是个捡破烂的，梁朝伟是个快递，我保证你看都不会多看，没有电影角色的包装，他们厉害不到哪儿去，搞不好还会嫌他们两个吊儿郎当要死不活。

只是最惨的都不是这些，帅哥还要背负大家既定印象的原罪，像是帅哥花心，帅哥吃不了苦，帅哥没有担当，帅哥说话不是无聊就是油腔滑调。管他们是不是这样，谁叫你帅！说到这里，我有点同情帅哥了，虽然我每次看电影最讨厌女生见到男明星们笑一下、哭一下就兴奋地鬼吼鬼叫，射个箭也赞叹、倒个车也赞叹、跌倒了还说好可爱……真够烦！但想想帅哥能当明星的也不过那几个，其余的余孽还是没有造型师帮他借行头，没有编剧给他们美好的职业和道具跑车，现实人生中，他们连把个马子都要东想西想，生怕自己高贵的尊严受伤……

哈哈哈，就让他们继续帅下去好了，别让他们知道自己的弱点，我们就可以三不五时地用暗箭射他！想到就很爽……

啥？！这样太狠？去！谁叫他帅………

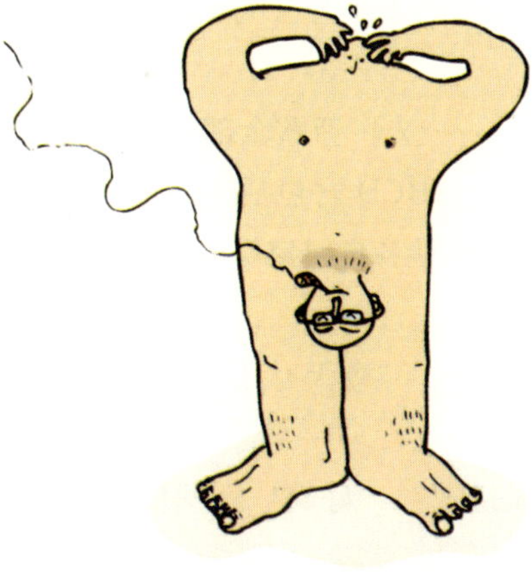

精密的思考，不是下半身只有血管跟平滑肌的海绵体能够做到的。

第十三课
大叔爱妹妹的轮回

有几个适婚但未婚的朋友，到了礼拜五下午就会习惯性地互相问晚上要做什么，一般的开场对话会是如此：

“喂……晚上要不要出去？”

“好啊……跟谁？”

“就我们几个啊！”

“……喔……那你们决定去哪儿再告诉我。”

然后，最无聊、最寂寞难耐、最不畏艰难的人就会负责交叉询问，得到的答案往往不会脱离以下的结论：

“小酌一杯？”……A君宿醉中不太想碰酒。

“去新开的BAR坐坐？”……B君讨厌烟味不想去。

“喝杯咖啡？”……C君下午开会喝了快一壶，闻到咖啡味就想吐。

“到KTV唱歌？”……去！新歌全部不会，而且男女对唱，谁要装假音唱女生的部分？ABCD君包括问的人都觉得提议很烂，统统否决。最后大家意兴阑珊地各自回家看电视。

但如果，我的开场白是：“今天有几个新认识的妹妹要跟我们出去，有没有空？”

回响绝对是热烈又迅速：“好啊！好啊！去哪儿？几点？怎么

约？”通常会看女方的意见。

“小酌一杯？”……A君宿醉中，没关系以毒攻毒，宿醉好得快。

“去新开的BAR坐坐？”……B君讨厌烟味，但一直听人家讨论那家店也想去看看。

“喝杯咖啡？”……C君下午开会喝了快一壶，都没喝到好喝的，今天不喝杯称头的拿铁，舌头会抗议。

“到KTV唱歌？”……去！新歌都不会，再不学学新歌会跟不上潮流，而且现在戏院都不唱国歌了，都没机会一展歌喉。

其实到了这个阶段，就算要去法鼓山打禅，大家都会举双手赞成。有妹妹，去哪儿都很高兴。

想得开的人看到这里会叹口气说：“唉……早就知道男人是这样！”看不开的会不解地问道：“男人没女人不能玩乐吗？”不！我要否定第二个疑问，大部分的男人玩乐可以没有女人……但不能没有妹妹！

我先做个妹妹简介（正确念法是美眉）。所谓妹妹就是年纪小、相貌佳、个性单纯、容易醉、涉世未深的女生，偏偏这样的玩乐对象之于熟男实在力有未逮，大家认识的不是同事就是亲戚，谁下得了手？否则你说男生到了一个年纪，怎么可能没有女生的朋友？不管美的、艳的、富的，善解人意、气质出众、狂放热情，应有尽有！

只是，这些女生都跟自己差不多年纪，该发生的都发生了，该荒唐的也都是好久以前的回忆了。你吹的牛她们都知道真相，你说的笑话她们听了八百次，你知道的餐厅她们比你还熟，服务生还晓得她不要味精、酱料不加蒜头，你得意的大马力新车，她们只在乎有没有镜

子可以补妆。没有人会像小女生一样，发出一声衷心的夸奖说："哇！好 diao……很贵吧？"她们甚至不说"diao"，那个字不属于她们的年代。她们没说年轻时就坐过这种车，已经是给你面子了。

还有一个重点，你看对眼又还有冲动想追的，不是认真地以结婚当前提，就是已经跟你好几个朋友交往过，这……压力挺大的……若非必要，爱面子的男人很少会去碰老狗变不出新把戏的困境，要跟熟女搅和还不如回家看新闻。

可是，妹妹毕竟是妹妹，大家间隔了好几次的奥运和足球世界杯，彼此连结点少得可怜，你在咖啡厅香槟店谈心事谈未来，用着自己年少苦心练习的漂亮国语，字正腔圆谈高温制造食品有害健康，风度翩翩谈清末慈禧的海军大炮根本射不出炮弹……

不划拳、不拼酒、不搞笑，讲话语助词没有"是喔"、"酱子"，形容词不用"超厉害"、"超正"、"超强"，结尾词不是"最好是这样"、"这是一定要的啦"，保证场面冷得结霜。你的青春经典歌对她们而言是老歌，你敢在 KTV 里面唱李宗盛的《凡人歌》，她们把你的手机电话归类到平凡人组，你自以为深情地唱《爱如潮水》，她们躲到厕所把你的名片冲到马桶里，让你真的爱如潮水。我的经验是，你只有一字不漏唱大嘴巴的《喇舌》，妹妹们才会鼓掌……

于是，这群爱妹妹的哥哥就在同年纪的不想找、年纪小的找不到的状态下轮回，等到了解有个可以一起哼老歌，用同一个水平看世界的人是多么难得时，错过的人已经远离，只能悻悻然回到单身生涯饮恨。

不得不说到一位朋友，他每次跟妹妹联谊完，就会在隔天找他的青梅竹马或资深红粉知己们长谈，以弥补前一天的空虚。想想他这种矛盾的日子，实在也不是太好过，套句妹妹常用的话：“这种欧吉桑人生真是……超、瞎、的！”

她美丽，会骑马

懂得滑雪又聪明

懂得法文，还懂红酒

问题是……男人不喜欢她懂这么多

熟男、熟女不是难搞，
是活了大半辈子，还要嵌入别人的人生，
修修补补已经不够，多数是大块切除才有办法装进新对象，
动手术真的要想比较久，大家要体谅啦！

第十四课
没有破绽的女人

健介很了解自己要什么，是个聪明的男人，自小倔强的他，对不符合期望的事情总是抵死不从。这种个性，说好听一点是宁缺毋滥，但，旁人给的评语常常是“挑剔”。

后来他赚了一点钱，挑剔的毛病愈加明显，穿名牌衣服，开进口车子，吃高级餐厅，坐商务舱旅行，也因为看太多装潢杂志，从窗帘的透光度到沙发的皮质，以至柜子的木头的弯度……他处处要求，尽可能让住家看起来像家具目录般精美。而且健介十分明白，他消费的不是商品，是用钱去控制的生活方向的快感，他骄傲的不是富贵，是他心中美好人生的完整。就在美好人生一块块填满后，他的感情却缺了个角，健介竟找不到女朋友。

他嫌过女生的谈吐气质欠佳，即使对方是留洋硕士高材生，可以用英文叫床；也曾不满女方单纯言语乏味，就算人家貌美如花家境富裕，可以少奋斗三十年；最过分的，他竟然还曾看不顺眼女方手指太短，脚趾甲太丑，因为他没办法想象要把结婚戒指套在短手指上和浴缸伸出丑脚丫的画面，完全漠视她是个D罩杯喷火辣妹。

朋友担心他久不尝荤味，性向会暧昧，个个自告奋勇当起媒人，但，健介就是能够在环肥燕瘦的优秀异性身上找到缺点，然后继续漂泊。乍听之下，这个男人真是个嫌东嫌西自以为是的讨厌鬼，可是从另一个角度看，他始终没在男人精虫过多所形成的寂寞漩涡中灭顶，也算是个奇迹。

直到他遇见了雅典娜，那种感觉就像是令狐冲第一次遇到东方不败，过招后心中偷偷赞许对方是高手一样。雅典娜是个没有破绽的女人……毋庸置疑地，她当然是个美女，是个能在异乡雪地中，独自提着行李搭夜班公车的美女；是个能和你讨论纳斯达克指数和伦勃朗的画风的美女；当别的女人在计算着一片薯条有几大卡热量的时候，她可以吃掉一套全餐，外加三客甜点，丝毫不在乎身材，而且，吃相从容动作优雅，当其他的异性努力地研究一些蹩脚的放电姿势来迷惑男人，她可以大力地握着你的手，热情地拥抱，让你瓦解在她流苏般的眼波中，全然无邪不着痕迹，用句大白话来形容，她是那种男人看到就想追，女人希望老公这辈子别认识的美眉。更可怕的是，即使雅典娜如此美好，却没有一般漂亮女生的架子，她会在你用餐接电话的同时，贴心帮你夹菜；会在你天花乱坠地自夸后，给你一个诚恳的微笑，大大地满足了男人雄性的自尊。

这下可好，除了不打球，挑剔男几乎找不到她的罩门，但谁在乎跟女人打啥球啊？打情骂俏就好了，我没听过男人喜欢跟女朋友一起运动的……看着她的一颦一笑，他如同令狐冲在池塘边欣赏着东方不败用内功，把塘水扬起成点点玉珠，画出了一道彩虹般，他暗喜，在无聊的爱情江湖中，终于找到知音，看见缤纷。

可惜她并不是东方不败……雅典娜对他的兴趣，模糊的程度像没兴趣，她的拒绝很明白却不狠心，给的再见都不舍得令人频频回首，健介弄不懂究竟是怎么回事，每次的约会都像是没有明天的相聚，他开始体会了以前被他放在爱情培养皿的女生们，那种失重的忐忑，这次换自己被挑剔，被观察了，原来感觉这么糟……

但健介也不是完全在状况外，虽然大家都说她没有对象，他的推测是，她的心中存在着另一个人，或者，一件比爱情重要的事。毕竟他还是像那些自以为条件不错的通俗男人，对被拒绝的抵抗力很差，总要找些能令自己平复的理由。

经过几次冷漠后，他又回到漂泊的单身船上。为何不再努力？我问他。他的回答是："怕打扰了人家，不是怕挫折。"我想就是怕没面子吧，自认优秀的男人面子总是特别薄。偶尔，他看见身影相似的女子，或经过雅典娜住的街道，会感叹为什么活在同一座城市、同一个空间，孤单这么像，两人的距离却如此遥远？言下之意，似乎对她还念念不忘。

前几天，接到健介的电话，他兴奋地说，他想通了！就算这个女人再棒，她的男人总有不珍惜她的时候吧，因为，全天下的男人都一样，都会腻的啦！也就是说，他这次把希望寄托在男人身上，期待雅典娜会从其他男人身上看到自己的优点……唉！能说什么呢，我默默为我的朋友祝福，祈祷雅典娜不是同性恋，要不然他的如意算盘可能这辈子都打不到了……

男人有时候非常像蚂蚁，
你给他一点甜头，
哪怕是洒在地上没擦干净的，
还是能引得他们成群结队，
寻味前来。

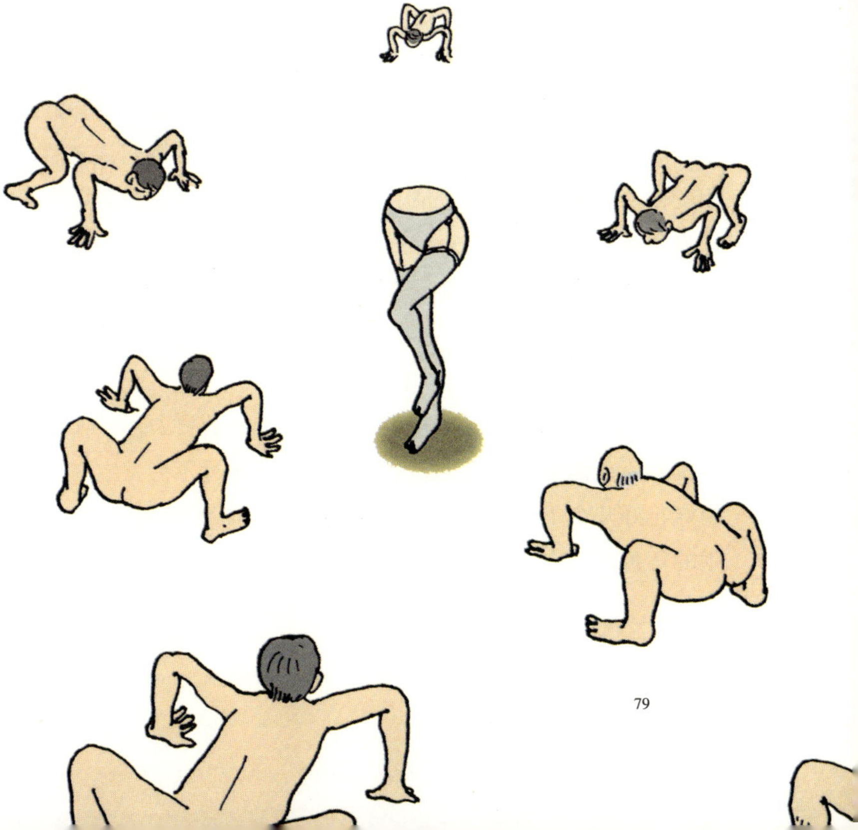

第十五课
我的巧克力男呢？

要不是一次又一次的失败，我真的不会了解，女人要的男人，和男人以为女人要的男人，原来相差这么远。

我们直觉，女人要帅的男人，但太帅她们没有安全感，她们怕花心；后来我们感觉，女人要有钱的男人，但给了她们钱之后，发现她们变得不喜欢花钱，学着清心寡欲吃斋念佛；于是我们以为，女人要认真负责的男人，但你奋斗打拼负责家计的同时，她们嫌你太把心思放在工作上，希望你随便工作就可以把事业做好，然后只对她一个人认真负责。

所以我们领略了，女人其实要老实专一的男人，但你刚毅木讷、不偏不倚，她们会抱怨电影中浪漫的桥段永远不会发生在你身上，跟姐妹花好几个下午的时间来讨论男主角的帅劲和深情，我们在真实人生的角色，放在戏里就是活该被出轨的木头人配角；为了当上主角，我们开始学习浪漫，开始关心彗星降临跟海芋开花的时间，寻找有烛光的餐厅和看得到夜色的景点，开始模仿电影男主角的把马子招数，想串通蒂芙尼的店员给你惊喜，想把宝格丽藏在香皂里让你感动……我们尽可能让自己帅气又专情，多金又浪漫，认真又有闲，诚恳中带着慧黠，开朗里掺着忧郁，狂野又不失温柔，幽默还不落俗套……

结果，当每个爱情课题都找出解答时，好笑的事情发生了！当这样的男人出现的时候，女人退缩了，她们觉得这样的男人太完美，太不符合世界，她们说，找个有缺点的男人才能显得自己的好……搞了半天，女生的完美条件是不需要太完美，八十分比一百分好，因为这样压力不会太大，还能期待他进步，也就是说，她们要的帅不要太好看，富不要太有钱，专一不要太黏，老实不要太呆板，才华不要太疯狂……

多数女人要的是一种均衡，一种梦想与现实均衡的美好安稳，因此，她们会尖叫偶像，但不会想跟他睡；会欣赏明星，却没办法把他的脸嵌在柴、米、油、盐的生活空格里；会在漂亮的男生面前自惭形秽，担心自己的胸部、腰线和做爱该怎么呻吟；会对有权势财富的男生产生戒心，恐惧自己的年华老去时，男人用钱去换别人的青春。

这跟男人不同，男人一生都在竞赛，冠军是目标，第二名会被遗忘，最后一名让人耻笑，我们必须前进，停下来会有罪恶感，男人能活在梦想里面，忽略梦醒后现实带来的灾难或空虚。

所以，每个人都想要第一名的女生，拥有第一名就代表你成功，若可以跟梦中情人温存，跟世界小姐亲热，我们才不管她们在不在乎我们的身高、肚子、皱纹、口臭，先上了再说，没人会想到长久未来永远，我们想到的是牡丹花下死，醉卧美人膝。

男人要的是狼吞虎咽，舒畅到底的爽快，女人要的是一觞一咏，平平顺顺的幸福。女生要的很像你们爱吃的巧克力，懂得吃巧克力的饕客都知道，最棒的巧克力的口感就是“均衡”，那是一种微苦，微甜，微酸，可可香味的均衡，入口后，巧克力的芬芳在舌尖缓缓溶化扩散，层次分明，像是触摸得到巧克力味觉的肌理一样，而吃完后，心里洋溢的幸福感更是其他甜品无法比拟的。

没错！女人要的是像巧克力一般的男人，你们不会要棒棒糖男，不要有着一圈又一圈漂亮的花纹，但全是没营养色素的男人；棉花糖男应该也不会是你们的理想对象，粉红粉蓝看起来显眼丰满，吃起来只有一点点的空心大老倌；想必你们也害怕麦芽糖男，吃来辛苦又黏牙，东察西问的黏人精，热恋期还能忍受，日子久了烦都烦死；更别提白脱糖男、情人糖男和放在杂货店里论斤卖的廉价糖果男，那些含起来死甜，包装粗糙的无趣伴侣，要不是为了过年过节应景或敷衍长辈让他们安心，谁会有胃口？剩下来的口香糖男，不用我多言，他们就像一时口干舌燥，降火解馋的一夜情对象，嚼完了，消气了，但咽不下去，还不晓得吐在哪儿！

姐妹们你们说，仔细思考后，各位是不是最适合巧克力？可可树希腊文的意思是诸神的食物，也就是说，巧克力是专为诸神所准备的。我承认，跟男人比起来，女人更具有做神的资格，你们吃巧克力吃得当仁不让，合情合理，但提醒一下，巧克方还是有些缺点，吃多了会胖，有的人还会长痘痘，不见得每位爱美的女神都适合。

换句话说，假使各位想保有窈窕的身材，不妨也想想还有一群常搁在柜子里老被遗忘的代糖男，虽然没有鲜艳的颜色、可爱的造型，不过他们很随和，热咖啡或冰牛奶，水深火热都任你差遣，重点是，不挑的话到处都找得到。

再说，真正内行人推崇的高级巧克力，是那种手工制作，要保存在 12℃ —18℃、湿度 65% 以下的环境里，寿命还只有一个礼拜（这很像男人的纯真的寿命），可可含量超过 55% 的黑巧克力，除了在法国、东京、纽约看得到之外，其他地方还真不太容易找。

身为一位男性，或一颗牛奶糖男（包装复古，口感却带着奶味，也就是年纪不小却还不太成熟的熟男），我中肯地不带妒意地敬告大家，这里的巧克力大部分都是量产的，而且花生饼干乱加，只能骗一骗外行人，别上当呀！

这个城市这么小，也许几年前早已相遇，
某次的聚会，KTV 包厢就在隔壁，
超市里拿过一样的牛奶，同场电影你就在前排，
东区的巷子擦肩而过……
时间若能回转，
我相信必然在同一个场景可以发现两人近在咫尺，
但为何现在才认识呢？
信宗教的说上帝没安排，学数理的说这是几率，
但我宁可相信，是两人还没准备好，
没准备好的人，无法相爱。

Fall in love

在爱里

男人最积极表现爱情的时候是在开始跟被甩……
而中间的部分，我们都用上网、发呆跟打球来填满。

第十六课
我只是生我自己的气

每次听到女生用这句话来解释自己的低潮情绪时，我心里都有个大疑问：“怎么生自己的气？”是男生太理性，还是多愁善感的女生太多？做错事，道歉就好了，不想道歉，起码赔个笑脸，默默地做些弥补动作也行啊！这是相处的基本道理吧！？怎么会摆个臭脸，一副全世界都亏欠你的样子，然后任性地给个烂理由说：“我只是生我自己的气。”就要大家配合你的冷淡和愤怒。

还是，真实的情况是你们在生我们的气？生一个你们说不出口的气，生一个跟我们有关却又讲不出道理的气，所以一向宽容的女性只好替我们背起十字架，生自己的气？

可是我要说的是，其实，吃前女友、杂志封面模特儿、街头短裙妹妹的干醋，也没啥大不了的，对于女性这个善妒的毛病，男人或多或少也都有些抵抗力了，说出来顶多拌拌嘴、抬抬杠。那些你们突然降下的温度，只会让我们想起前女友的好，让我们想拿本全是名模的杂志到街上看年轻妹妹透透气，解解闷。相信这不是你们隐忍的目的。

我还要说的是，其实，你看不顺眼我们的家人、朋友，并不需要羞于启齿，因为，你们一些姐妹淘和亲戚，我们也没那么对眼，大家都没亏欠。这疙瘩虽然难以完美地割除，但不及时处理，将来变成毒瘤的几率颇高。若两人要走的是条长路，终究要开诚布公，毕竟爱情成分不纯然只有两个人，那意味着两个家庭、两个社群，甚至是两个时空的交汇……有问题总得面对，这关过不了，在一起也是徒劳。

要是你们啥都不说，看见诸位的愁容，我会揣测的是你们月事不顺、月薪不够、月亮不圆……就是猜不到你对我们的亲情、友情有意见。因为电影里的女主角都逆来顺受，那些满是怨恨的眼神是反派的戏码，怎么会是我们心中的女主角来演?

最后我要说的是，其实，我们也知道自己不是贵公子，就算你们不表达，我们都明白没有金汤匙可以含，没有 ABC 可以吐，没有家产可以败。我们要起阔就是没人家派头，穿上龙袍也不像天子……但，各位的鼓励还是十分重要。

假使，我们开源节流的方式不如你们预期，请别用难看的表情来抗议，我们想了解却问不出所以然，男人的创伤是加剧的，双重的，无路可退的。你可以叫我们小气鬼，念我们没钱，骂我们打肿脸充胖子，只要在最后补一句“我就是看上你的人”或“我相信你以后会有前途的”，我想我们都会欣然接受。

那些受不了批评，愤世嫉俗的穷酸鬼，我建议你早早离开他们。当然，我们不浪漫，不懂表达，不会巴结你妈妈，不会调情按摩，这些事情全可以拿出来讨论，什么时代了，只要是良性的互动，哪来沙猪大男人！？若你不幸碰到……老话一句“相见不如怀念”。你们生自己的气，把男人锁在烦躁的幽谷中，对男人而言，就像你们看到我们头撞墙、拳捶树、车子开很快……一样的无理。

请记得，沉默是一种软弱的罪恶，别悄悄地做了罪人……

刚认识时，他可以看到三百米外的她；
两个月后，他还能看见她新长出来的痘子；
两年后，若不是挡到电视 NBA，
他根本忘了她的存在。

男人的爱情能见度，真怪！

“喂！今天我买了礼物送你爸，
还有下午你骂我，我没跟你计较，
所以你欠我七公斤的爱……”

“拜托！上次我们碰到你前女友，
我没吃醋，而且昨天有人约我，
我拒绝了，你才应该还我三公斤吧！”

让爱情可以量化吧，
这样，也许感情会清楚些。

第十七课
要听实话吗?

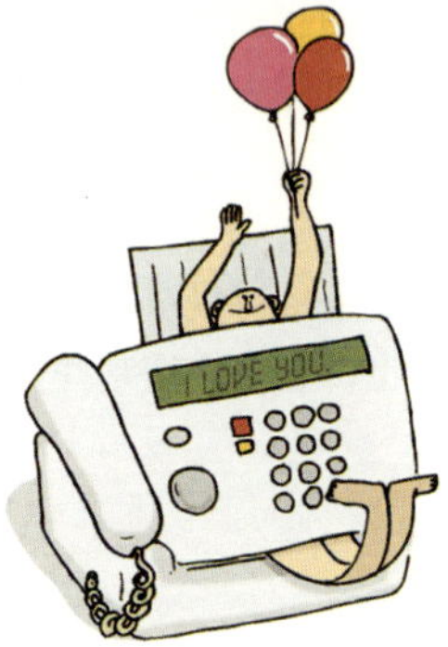

心如刚从发廊出来，削薄了刘海，发丝也染了深褐色，虽然没什么大变化，但设计师说这样会让头型看起来轻盈一点。至于好不好看……要不是身旁只有男友小扁一人，心如不会自讨没趣地问他意见。

因为几次交手，不管是买衣服、挑鞋子、换发型，小扁的应对，大多离不了以下几种模式：

正眼不看，语气平顺地回答“嗯”，然后径自动作，这是他正在上网时常出现的——敷衍模式。

眼神停留不超过三秒，讲两个毫无建设性的字“还好”，这是月底没钱时频率颇高的——冷漠模式。

满脸狐疑、不停搔头地自问：“耶……我没有感觉！耶……好像都不错啊！”这是小扁被逼着必须参与讨论时惯用的——无辜模式。

还有一种：“哎哟！反正你们女生就是只有穿粉色系、留长头发好看啦！”语带轻蔑的——沙猪模式。

无论是哪一种答案，心如问完后都有种悔不当初的懊恼，干吗要让这具“美感低能者”评论自己的漂亮？这些问题只会突显男友对参与的懒惰罢了。

心如并不期待小扁会说出感人至深的话，自从偷看小扁以前写给暗恋女生惨遭退货的信后，她早已断了日剧男主角台词出现在真实人生的念头。因为，他竟然形容对方的美，用“七天仙女下凡来，地上莲花并蒂开”这种小年夜去拜天公庙才会在墙上看见的字眼。射手座的人真的什么证据都会留下来。

其实，心如无非只是希望，小扁说的话可以是心中期待的鼓励或分享，即使只是几个字也行。像是“我喜欢”、“好看”、“适合”……这么简单就好，就足够。如果好心一点也可以加几个字，“我超喜欢”、“真的好看”、“很适合”。要是小扁善心大发能够加个语助词，譬如“哇！真的非常好看！我超喜欢的”，那简直就是一字不漏的标准答案了，因为那句话除了夸奖外，还有跟她站在同一个阵线的意味。就算是说“也好”……心如偶尔也会有这样的感叹。

但讨厌的小扁除了刚才的几种烂模式，还会说出一些让人吐血的风凉话。“哇！新衣服让你的肚子看起来好大喔……月经这个月来了吗？”“这是X美窗帘布，还是披肩？”“穿那种内衣，胸部会不会灌风进去啊？”心如晓得那些都是笑话兼实话，只是，她不认为好笑。

“难道，男人就不能学学对我们说些善意的谎言吗？”“他在那边自满新车的速度的时候，我能说老板的奔驰比你的国产车快多了吗？”“矮个子穿低腰裤，腿看起来很短，我也没嫌过啊！”“明明才做五分钟，还装一副很强的样子，高潮是假的都不知道？”一堆的疑问和抱怨，总是仅存在于心中。心如不可能因为小扁不擅甜言蜜语就不爱他，所以她锱铢必较地帮他计算，怎样买新车最划算，欢天喜地陪他试穿了一条又一条的裤子，当然，也心满意足地沉浸在每一秒的拥抱……而忘了需求和诚实。

早在小扁一五一十告诉她，自己的每段情史、每次心碎的感觉、每个有回忆的风景名胜时，心如就明白，眼前的男人是个不懂诚实会伤人的傻瓜……偏偏自己就是喜欢他的直率，喜欢他愣头愣脑自以为是的勇敢，他的单纯是自己心安的基石。

那个说得天花乱坠的已婚男人，曾让心如飘在云端，他说她美，说她特别，说她 the one and only，直到他放开手，让她从大气层外摔落。听见里基 · 李 · 琼斯的歌声飘过，看见他带她飞往伦敦的飞机，吴哥窟上空的热气球，普吉岛越海的滑翔翼，心如伸手却抓不住记忆的实体，直到跌落，才恍然明白——谎言再美丽，也不过是炫目的气体，无法倚靠。

每次想到这里，心如对小扁的要求就会降低，但，只有零跟一百的选择吗？不可以说点小谎，又有令人安心的实在感吗？女人真是有种天杀的群居炫耀习性，看着自己被商店玻璃反射的模样，那个被削薄染上深褐色的新发型，配上秋风吹红的脸，她不自觉地停下，学着设计师教她的方式再拨拨前额的头发。“这样会比较有层次。”香港口音言犹在耳。“连我自己都觉得可爱。”心如越看越得意。

她偷瞄一眼小扁，他侧着头似乎也注意着镜中的自己，心如还是忍不住地问了：“好不好看？”不等他说心如就后悔了，要小扁说句人话真是缘木求鱼。“很正！”小扁毫无考虑。心如差点把刚吸进口的优酪乳吐出来，他从来没有这么迅速地肯定自己的新发型。“这个发色比以前的更适合。”“染这么深……你看得出来？！”心如简直喜出望外。“废话……我注意这么久……哇！真的非常好看……我超喜欢的。”“这……这怎么可能……这不就是我要的标准答案……”心如快喊叫出来，植物人复活，绝对值得在大街上狂吻他一百遍。

“可惜，声音太嗲……有点假，”小扁又嘟囔了一句，“她所有的照片我都有……超正……大家都在传来传去。”原来在心如反射的玻璃后，正播放着当红名模的新广告。“哇咧……不夸我就算了！还当我的面说别的女生正。”就在心如要狠狠地臭骂小扁的时候，他又转过头来，认真地说：“金窝银窝不如自己的狗窝……我比较喜欢你这型！”

心如愣了一下，会意不过来，这意思是我比名模更正吗？“走了啦！我的车停在黄线。”小扁一点都没理会她的不解。看着电视中完美比例的美女，正摆出她练习一万次也做不到的美态，心如白眼连连，却又感到莫名的心安，她一点都不想跟狗窝有任何关联……可是她又确定了一次，那大步地走向街角的傻瓜的生硬实话，真的比圆滑的谎言动人多了……

爱情手机的生产是必要的，它要过滤掉难听的话、赌气的言语，和不相干的人在不对的时候打进来。

刚认识时

一年后

爱看不见分数，但却有可能会退步。

如果，

什么事情，

都要我一遍一遍地教，

那我不如跟自己谈恋爱。

第十八课
小姐，请问密码是……

去年夏天在北京开银行账户，存了些钱，方便自己往返时不需带着人民币。冬天又去出差，小南门涮羊肉柜台要我按密码，却怎么都记不起短短六个数字的组合，差点懊恼地把提款卡丢进冒着炭烟的炉里。

但这不是唯一忘记密码的时候，同样的情况，发生在儿子两岁时买的脚踏车上附的锁头、半年无用的脸书、换了电脑却连不上的skype，还有自己都算不清的网络社群、拍卖、相册帐号……每推出一个热门的玩意儿，就代表着要记起一个新的数字组合。

“怎么不用同一个？”你也许会问。

我承认太偷懒，也太无聊，不是爱叫别人代劳申请的动作，就是喜欢挑战自己触类旁通的本领，以为可以睹物思“码”，老给事情设定属于本身的代号，像小孩出生那年的东西就用他的生日，跟女友一起买的电脑就用她的电话号码……结果秘书离职，小孩长大，女友分手，只好任凭着衰老的记忆力在阿拉伯数字与abcd组成的迷宫里寿终。

不晓得多少人跟我犯了相同的毛病，就算没有，要用一个密码走遍天下，真的越来越难，要么密码太简单需要加英文字母，否则就是想设立的已有人使用，昨天还发生用护照上名字英文字母也重复的情形，我很想跟那个叫“chanjenshioung”的认识一下，问问他哪来的灵感用这个密码。

但这些密码困扰，死背或抄下来就可以解决。真让我们男人头痛的，是各位美丽佳人各类各型的生活密码，我相信不是故作神秘，但女人真的很擅长隐瞒情绪与拐弯抹角的表达，小到柴米油盐，大到人生方向。以至于男人常常处于状况外，搞不清楚女人的“不要”有时候是“要”，“好”有时候是“不好”，“会”跟“不会”有时候是同义词，而“看你”有时候不是个断句，完整的意思是“看你……懂不懂本小姐喜欢什么！”。于是笨男人欢天喜地地认真了起来，错以为整个世界绕着我们转……

“帮你买个有点贵的包包？”

“不要……太浪费了！”

其实真的送，你是开心的，如果我们清楚地让你知道，价钱不是问题，男人的努力换你一个微笑非常值得，多数女生会欢喜接受，但你的回答容易让我们误会偶尔的客气是永远的节俭。

又譬如：

“我在大家面前跟你求婚，好吗？”

“不要啦，好丢脸！”

但说穿了女人最期待的就是丢脸这一次，最好全世界都在看！

许久没联络的酒肉朋友找喝酒，

“我跟朋友聚一下，一下下就回来，好吗？”

“好。”

但你们心里想的是：这群喝酒老爱找年轻妹妹坐陪的猪朋狗友，怎么不从地球消失；若说不好，又怕男人会讲“去巷口买个烟”之类的烂谎话，不如识大体一些，且战且走。

又或者结婚的对象，他问：

“以后爸妈老了，跟我们一起住，好不好？”

这问题能说不好吗？

但你们脑海里想到什么都要管的婆婆，跟喝醉重复讲同一件事情的公公，顿时眼前漆黑风雨交加，真想答“要住你去住！老娘未来带小孩都没时间了！”，但话说不出口，孝顺的男人这年头不多了，眼见姐妹们都结婚了，只好虚与委蛇，盖章以后再说。

“会”跟“不会”则完全是看情形而定。

“跟我讲你以前女朋友的事嘛……”

“你会吃醋吗？”

“不会！”（我跟大家保证就是会）

“万一我将来很穷，你还会一样爱我吗？”

“会！”（过热恋期以后，不会的几率很大）

至于“看你啊……”这句经典台词通常发生在不熟又看似不错的

男人身上，你坐在右边，车子已经绕了市区八百圈。双子座或某个优柔寡断的他，从日本料理问到巴基斯坦菜，最后说："还是要吃港式饮茶？"饿到要杀人的你，想留下好印象，仍会说出"看你啊"这言不由衷的话，右手却忍不住想按下车窗说："别再问了！给老娘一碗天杀的卤肉饭就好！！！"

男人真的不懂！不懂藏在那些话语下面的涵义，所以我们真以为你不喜欢名牌包，无所谓我们跟兄弟吃喝玩乐，喜欢与我们的家人共度每一天……以及，我们开车的侧脸真帅，可以饿着看一整天。若你们自始至终都是一套逻辑也就罢了，就怕当初为达目的委屈自己，等答案有了，又想做回自己……免不了一番争执，小则吵架冷战，大则分手翻脸，一段原本美好的姻缘竟成了恐怖爱情的交叉点。

也许时间久了，男人终会从你们翻白眼的表情、瞳孔的不确定感或懒得理我们的语气里找到通关密语，我欣赏女人凡事退一步想的智慧，但某些人生关键的决定却是演不了、装不得，千万要让男人明白最初的你们啊！否则只是与不对的人一起演了一段消磨青春时光的烂戏……

密码功能是保护自己的隐私或财产，可是，谈恋爱或结婚怎么分你我呢？感情这么多的死角，彼此很难畅行到心里去……原谅男人的迟钝，有时候你们的隐忍是好，但适时地开诚布公未尝不是个方法，世界已经那么多的隐晦……亲爱的，能不能偶尔，我说偶尔，让我们别用密码说话吧！

大部分男人的温柔，很像电池，用完就没了，
除非你不在意，否则，没电的男人
留着非常不环保……

男人的心，

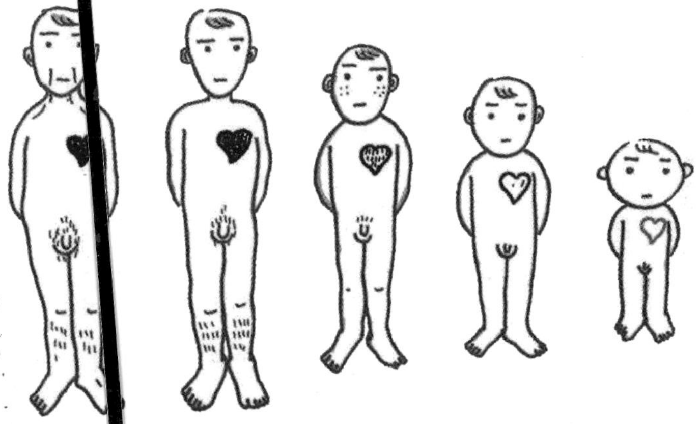

愈老愈脏。

第十九课
我会不会太随便?

小毕是大家帮他取的绰号，可是他不姓毕，名字也没这个字，叫小毕的来由是他严格落实“今日事，今日毕”的精神。小毕自诩“今天约会的女生，今天就要有个了结”，尽可能不拖延上床的时间，省得大家猜来猜去浪费时间。

很贱！我知道……我跟你一起谴责他！男人这种心态……太令人发指……（小毕，你要体谅我的苦衷，买书的主力都是女的，要我怎么办？）

虽然帅帅的他很少被拒绝，不过老会遇到一个问题，让人觉得很诡异，或让男人不知道该怎么回答。小毕说：“无论自己如何诚恳，她们怎么矜持，女生非得在脱光衣服后，补上一句话‘你会不会觉得……我很随便’。”

而小毕也马上会堆起职业性的笑容，把重音放在第一个字说："当～然不会啊……傻瓜！"然后赶紧撇开目光，继续往下亲，以免气氛被这句话打断。但在他心里总会嘀咕：XXX！两个人都脱光了，CD才放到第二首歌，难道你要我说："这样啊……我是不觉得啦！别人我就不知道了。"或是："我不晓得啊！但我们能不能先弄完，再谈这个？"

小毕的直觉是，有哪个白痴会得了便宜还卖乖？跟男人上床的那一刻，你就是尊贵的女王、圣洁的皇后，你给街头做问卷调查的人电话，都比这个随便一百倍。

女生问这个蠢问题是想证明什么？

我不是女生，没办法越俎代庖地回答，但我想了想，男生好像也有这部分的死穴，无聊的程度比起女生的"上床前一秒贞操觉醒症"还严重！女生害怕男生用上床的速度来定义自己的行为标准，就像男生害怕女生用第一次做爱的时间，来判断自己性能力的好坏一样。男生真的很怕……

我们习惯用女生苦苦哀求、欲仙欲死的样子，来衬托男人自以为的雄性征服感。老实说，这可是许许多多男性上床乐趣的第一名，可是不幸表现差，对男人而言和打败仗是同义的，你们求饶表情的胜利旗帜没升起，取而代之的是安慰话语的败战悲歌的环绕，我们无颜见江东父老的沮丧，真是无可比拟啊……

但，当时煞风景就算了，万一没有上诉的机会，快枪侠的形象还深植你心，不再见面就算了，万一又相遇，你的眼神尽是怜悯，这……这我们怎么受得了？！

但仔细想想，男生应该是多虑了！女生……怎么会是这么低等呢？（还是我太乐观？）如果，男生在第一次和女生亲密接触时，诚恳温柔又甜蜜努力地取悦女生，但可惜比平常的时间短，你们会马上在心里暗下分数，写“劣劣劣、差差差”？

不会嘛！或第一时间就担忧未来的长夜漫漫，都要跟快枪侠度过残生吗？！你们不会想到那些嘛！你们看到的是认真男生的勇猛、体贴男人的可爱……第一次总会比较兴奋的，表现不尽理想情有可原，以后加强就好了。女生在意的不是器官摩擦的次数，而是心灵对话的深浅……应该是这样啊……不是吗？……应该是吧……（不对，就算是我正面的假设。）

话说回来，我的男生朋友算多，从来没听过一个人告诉我，因为发生关系的速度太快，或女生拉扯的抗拒度太小而被对方轻视，真的！一个都没有！倒是有一大堆男人以为女生跟自己上床没有太多阻碍，而随便错估自己很有魅力，对方很迷恋自己，以为在异性世界无往不利，成了大家口耳相传的大滥货，或拒绝往来户。或被那些贪欢的女生狠狠地不留情面地伤得不知所措，寸步难行。

所以，“你会不会觉得……我很随便？”这句话，要不要留给男生说？反正男生挺乐意做滥货的。

当音乐响起，甜言蜜语在耳畔，别再赘言！姐妹们，你们专心做爱就好了……

不要把你的爱人从他熟悉的朋友圈中拉开，
你会多了许多敌人，他会多了许多秘密。

第二十课
男生“三大表”教战守则

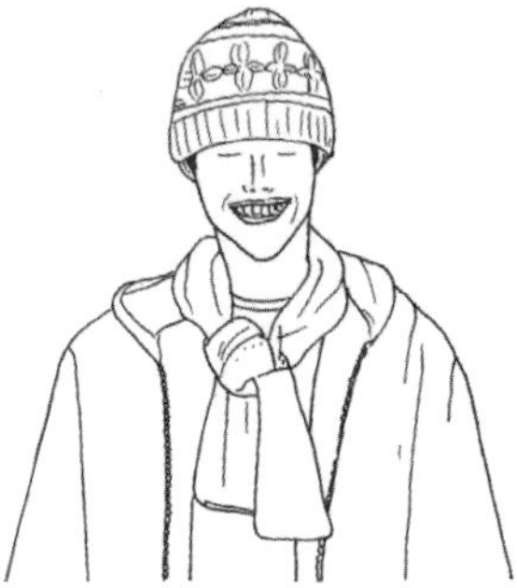

在爱情攻防战里，男生都有三大表——评分表、进度表和战绩报告表。他们所以好色，只是为了想知道你到底爱不爱他！女生常有这种感觉：男生很好色，在一起不能只是牵牵手、摸摸头发就好了吗？为什么交往久一点就“手来脚来”，好讨厌！更过分的是，在约会过后，他的一群哥儿们一定会迫不及待地问出以下问题：“怎么样？追到没？OOXX到没有……？”这更是女性不能忍受的！

面对感情，男生用的是最原始的方法，古早时代是直接打晕拖回家，不过现在女生普遍太重拖不回去……所以男生就有了“评分表”：牵手是几分、接吻是几分、摸到胸部是几分、上床是几分……好借此来评断你爱他的程度。说穿了，其实男生是很笨的。

男生对亲密关系的评分放在时间量表上，就出现了一个“进度表”，男生会盘算，出去一次以后下一次要拉到你的手，再下一次要……另外，男生对他的哥儿们一定有个“战绩报告表”，在一群狐群狗党的怂恿之下，他一定会半推半就、喜色难掩地透露出努力的成果。如果你突然发现他的同伴看你的眼神怪怪的，或是一群人说了你听不懂、语带暧昧的笑话，那你就要小心，他的战绩报告表显然已经出炉。

男生所以无法判定女生的爱，有部分要归咎于东方女性的拘谨保守。女生为什么一定要认为被亲到、碰到是吃亏呢？很多研究都证实，亲密关系中，女生获得的快感要比男生多，性关系尤其如此！

所以，女生大可不必为男生的好色生气，何不反过来主动调整你们之间的时间表？大声告诉他你爱他，解除他心中的疑虑，至于最令人讨厌的“战绩表”，我只能奉劝你，找个嘴巴紧一点的男友。或者，你可以反过来向姐妹淘说长论短，漏漏他的气。

最后我要说，请把我的照片打上马赛克，因为我这位男生的叛徒已经泄漏太多秘密了。

男人不怕痛，只怕“烦”！

男人聚在一起玩乐，
智商会随着人数增加而降低……

无聊的人脸上都长着分针，告诉你时间过得有多慢。

男人的伪装功力实在不高明，再怎么演，几个月就破功……
要不然，看看他对家人的样子，看看他的社交圈，应该就能了然，
给女生朋友的秘诀：看男人，就看他最好的朋友，就有答案！

甜言蜜语对女生来讲，
就像男生跟兄弟鬼混的时间一样，永远都不够。

第二十一课
上过床就永远都算“自己人”了?

几天前，听到二十五岁女生在讲一位男生的不是，主旨大概是此男跟她诉苦自己与另一个女生的床第之间遇到的困境……但她用了近乎嫌恶的表情说：“他以为他是谁啊？！情圣喔？凭什么来告诉我这些烂事？”

我问她，男的有企图没有？

“没有！他哪敢！”“不过，我真的受够他每次一有新的对象就来跟我分享！恶……心……死……了……”

二十五岁女生用力地把每个字讲得清楚，可以感觉她由衷的厌恶，让人快忘了，这位她口中一文不值的男人，跟她交往过三个月。我边听边冒冷汗，她的判断是，这男人干吗一天到晚来烦她，来炫耀自己很有女人缘，来试探她能忍受的极限？

怎么会这样？

怎么她不懂，男人跟她讲这些事，最主要的理由是信任她，而信任她的原因，是他们上过床……

真的，男人常常一厢情愿，小时候女生多看我们一眼，就代表喜欢我们；晚上跟我们回家，就代表有做爱的准备；上过床，就代表着这个女人永远不会出卖我们。最后一点像是帝国主义的殖民心态，有些“就算我们不统治你了，你还是应该感念我”的意味。我知道很蠢，没办法！男人跟男人靠义气，跟女人靠的多半是上过床的默契。

这个惯性存在于很多男人单向思考的爱情路径中，反正最亲密的事都做了，最后的底线都跨越了，我们还有啥事需要分你我？有什么话不能说呢？男生自得到女生肉体上肯定的那天起（要用钱的和一夜情不包括在内），就把她列在“自己人”的位置，毫无保留。这是男人单纯又天真的想法，就算不能长相聚，也要长相忆……

“忆个头！如果你心中有其他的女人，老娘就是你的敌人！”我转述我一位被男友抛弃的女性友人的回应。

我发现女人对上过床和信任之间的关联，并不像男人般“执着”，一旦“男人心中没有爱，谁理你到过我身体的哪个部分”！？凭良心说，我比较常听到女人在骂前男友，这个不行，那个没用，什么鸡毛蒜皮的事都抖得出来；相较起女人，男人这点真的温情多了。

不过，这也是男人的宿命。当初想尽办法要跟人家两个变成一个，用哄的、骗的、硬来的，得手后，烦了，腻了，厌倦了，却还是在心里头放了个信任的种子，三不五时用老照片、旧简讯、男性自我膨胀的养分在灌溉，让它发芽茁壮。

伟大的女性可不像我们这么一厢情愿，大家没结果，没事就别联络。关于上过床这件事……如果，你不是人中之龙、万中选一的大猛男，就把它存在自己虚拟的男性优越资料夹里，少拿出来丢人现眼。

因为，她们很多次高潮都是装的……高潮都能装，还谈啥劳什子信任，别逗了！

自古美人爱英雄，但是若没有战乱跟坏蛋……

其实英雄不是那么好相处的，

还不如店小二容易使唤跟实用，

要过一辈子……女性朋友们，慎选啊！

第二十二课
男人到底想证明什么？

我数学不好，高中联考考了十四分，比我们班最后一名的人还低两分。

也就是说，我是我们班五十二个人在1985那一年高中联考中数学最烂的那个。因为我对要证明什么XYZ大于等于小于ABC……之类的问题，很不来劲。每次我都会想，何必浪费人生在计算这些阿拉伯数字之间的关系？关我什么事？

或许就是当时太不努力了！我对“证明”这件事才领悟得如此晚。男人会花很多的时间、很多的钱、很多莫名其妙的心思，给自己的人生很多的课题，去证明自己很强、很棒、很厉害。却常常什么也证明不了，或忘了到底要证明给谁看。譬如，男生年少时很喜欢吹嘘和女生之间私密的互动，来证明自己很有异性缘。结果，大家根本忘记你是不是女人终结者，倒是你马子的身材特征、害羞呓语，变成死党间最深刻的记忆。

又譬如，有些男生会花几十万、几百万买只附带着什么陀飞轮、双追针、月相盈亏，一秒会叮当三声的三问表，来证明自己卓越的品位和财力，结果几万年才误差一秒的陀飞轮，并不能让自己准时，这些来自瑞士的精致工艺品大部分的时间被袖子挡着，你的品位多在声色场合脱下外套时才会出现，却成了俗艳酒店小姐耳中最无聊的话题。那些戴电子表会划拳讲笑话的小伙子才是人气王，到头来只剩下钟表店老板可以和你惺惺相惜，因为他们最喜欢你展现财力，你变成走动的新台币。

再譬如，有的男人爱拼酒，爱在酒友面前呼朋引友（最好叫来的还是女性朋友），来证明自己豪气干云、风流倜傥，结果豪气有没有飘到云边不晓得，风流流到哪儿也不知道，唯一能确定的是丑态百出的是自己，肝指数升高的是自己。那些没喝酒的朋友们和你叫来的美眉，一边嘲笑你醉茫茫的丑样子，一边相约去看海看山看月亮，第二天你宿醉抱着马桶在数金针菇，你不喝酒的朋友抱着美眉在数星星……

最后一个例子，有些男人拼命工作努力加班，用尽全力挤上管理阶层，公司赚钱就集资，资本够了就上市上柜，去赚一辈子花不完的钱，来证明自己非池中物、笼中鸟，是一只站在金字塔顶端的麒麟。结果，做了麒麟后并没办法到处云游，人家去泰国飘着精油香味的海边做 SPA，他去泰国充满烟味的会议室讨论预算；人家去上海看梧桐树吃本帮菜，感受十里洋场风情；他去上海逛台湾人开的、坐满哈尔滨姑娘的 KTV 包厢里，推算着在这个十四亿人口的地方还能多赚多少美金……麒麟的成功是用生活品质换来的，因此，爱情淡了，亲情薄了，最坚实的部分是存折上的数字和那群共同赚钱的伙伴。而想证明自己给爱你的人看，这件事已经是其次，向素昧平生的小股东证明自己的获利能力，才是人生最重要的责任……

我们常笑女人太在乎表象的肤浅，也瞧不起那些冬裘夏葛代表的虚荣，但男人的好强证明题，又何尝不是另一种愚昧呢？

我的一个朋友往来无白丁，买最好的车，挥最棒的球杆，吃最贵的料理，他的行头和交游，让我们难以望其项背。事实上，也证明了他真的有一套。不过，他跟他相知多年、爱他甚深的女友分手后，狂烈追求一个表面条件很好，但和自己个性差距颇大且反应冷淡的对象。

我问他：“美女很多，干吗单恋一枝花？那位究竟有何过人之处？”

他心虚地讲了几个只要是女生都会有的优点后，我颇不以为然地问他：

“你们真的合吗？”

他叹口气没回答，抓抓头，然后补充一点刚刚漏掉没讲的事：

“哎哟！反正就是娶来放在家里那种嘛……”

你看！又是男人的证明题在作祟，娶个大家闺秀放在家里，像是名牌车前的标志，证明我俩不见得合适，不过我是有眼光的……

大家请放心！相信我，他绝不是少数的案例。让我多想点时间，我可以再举八个十个例子，光我自己的成长过程就不知做了多少次无解的证明题。别问男人要证明到何时……这个答案，我到现在还找不到。

女人没有了现在，如同男人失去了未来……

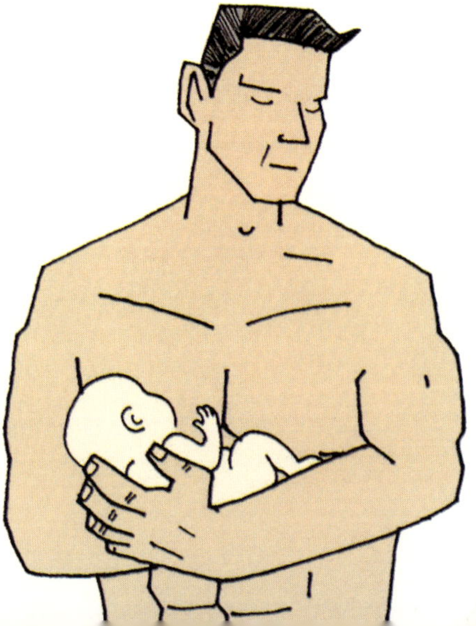

人们很容易就把爱人当做自己来经营，
以为他就是我的一部分。更可怕的是，
还希望他能做到自己无法达成的善良诚实与忠诚……
再怎么亲密，还是两个个体啊！

第二十三课
别替人家花钱养老婆

大概听过一万个女生说：“喔……最不欣赏小气又不大方的男生了！”虽然字眼不伤人，但那种态度对很多男人而言，带着某种歧视的意味。就好比男生说：“喔！最怕遇到那种平胸的马子……”很不悦耳对不对？听到这样的话除了那些丰满巨乳族会微笑外，我想还是有一些女性们难免心头一惊：凭什么瞧不起非波霸的女性，而且男生的标准在哪儿？胸部多大才不会被归类在平胸区？

我知道小气跟平胸是两件事，不能拿来相比，但是从很多情况看来，财富似乎已经是男人的第三性征，钱能让矮子变高，老人变年轻，猪头看起来像帅哥。收入和阳具是许多男人最不可被评论的地方，所以当你们把男人的谨慎用钱定义为小气时，就像是对我们的第三性征提出质疑一样，是很不礼貌的。男人这方面……脆弱得很……

要是可以一掷千金，男人又何尝愿意一毛不拔呢？问题是我们家无横财，老板不是我爹，哪儿来的钞票供我们耍阔呢？跟你朋友吃饭，眼见你同学坐上富二代男友的进口车，骑摩托车的我们心中百感交集；陪你们逛街，看着你付账买衣服，忍受店员一副“这应该是男人做的事”的怀疑眼神，我们……我们已经很委屈了，还得被列入不受女性欢迎的行列……克勤克俭的男人们，情何以堪啊？！

言至于此，有几件事不吐不快：你不知道上馆子约会，我们也想要喝龙虾汤，谁希望喝玉米浓汤？但一碗贵一百、两个人贵两百，省下来，明天的餐费都有着落，想想不舍啊……泡夜店，我们也想坐包厢的软沙发，酒一瓶一瓶开，谁习惯站着喝买门票送的烂调酒？！但一个包厢八千块，过年给老妈的红包都没这么多，想想不孝啊……至于亲爱的你的生日礼物，我们也想送你LV的套装、爱马仕的包包，谁爱看到你收到风铃时的落寞表情？！但该死的LV不打折、抢钱的爱马仕包包一个十几万，除了亏空公款跟做牛郎之外，存折哪儿来这么多钱，想想不能啊……

如果能做财神，谁想当抠鬼？再说，你们没听过男人最常讲的一句话吗？“别花钱替别人养老婆！”这是你们所谓小气男人内心最大的恐惧。假如大家年纪还小，心情未定，带你去的良景美寓是加温你真命天子的恋爱地图，送你穿的漂亮内衣是增添你洞房花烛的情趣工具，我们博感情花大钱买爱情的信物，到头来变成你的嫁妆，我们吃饱撑着呀？干吗跟钱过不去！

好好好……你们不是要我们打肿脸充胖子，你们在乎的是一种男子气概的绅士风度，可是，这真的太难拿捏了！身价不到一个程度，收入不到一个标准，是没办法像那些不知民间疾苦的时尚杂志、浪漫电影、言情小说里头的男主角，因为他们不用收集统一发票兑奖，不需凑钱贷款买车，不必找顶楼加盖的公寓当住所……

我告诉你，现实里有两种人最能符合你们的需求，一是混江湖的兄弟，一是有老婆的董事长，他们一个掏钱比掏枪快，一个金卡比秃头还亮，你要选哪个？其实我宁愿相信，大部分的男生都是慷慨的，反正台湾的两性教育里，男生不付钱的罪恶感，比不帮女生开门、不替女生提重物大得多了。

最后，我要为被封为小气的男人们打气！我们只要多花一点时间跟耐心听她们说废话，陪她们逛百货，帮她们提纸袋，忍过这段时间，等娶到她们后你的小气会变成优点，你会听到她们姐妹互相数落彼此丈夫的大方和豪气说："每次都抢着付钱……神经病！"说："干吗送花？花又不能吃！真无聊。"说："买什么双门跑车？只能坐两个人真不方便。"到时候你存在银行里的钱，会让她们崇拜到死掉。还有，最爽的是，你的钱都花在自己老婆身上，别人却替你养了她好几年……

人的寿命大概是六十岁

第一次性经验在二十一岁

一天的睡眠占去了七八个小时

剩下来的时间为什么要用来吵架？

测验忍耐度的极限

是爱情游戏排行榜的第一名

认识他后，我开始可以同时做两件事

我可以一边聊天，同时想着他

我可以一边工作，同时想着他

我可以每分每秒想着他

第二十四课
男人一定要有个原因或结果

面对女人，你很少听到台湾成年男性做一件事没有正当原因：他们上风月场所是为了公司应酬，谁想和那些头发烫焦过黄的庸脂俗粉打交道？练高尔夫球是为了拓展业务，谁想一早起来在没遮阳的草地上行军？贷款买车是为了可以到远一点的地方上班，还可以载全家人去郊外，谁想户头总是只有几千块？

所以，抽烟喝酒是为了增加自己笼络人脉的实力；假日不出门是为了避免人挤人；跳着看八个新闻台播了三十几次的烂新闻，是为了掌握时事洞察先机；不断辞职换工作是为了考研究所找大公司，迈向更高的职位；买一双四五千块的运动鞋是为了保护脚踝，虽然根本不懂啥是气垫啥是乳胶；买烧录器主要是文件备份需要；订汽车杂志是为了了解哪部车让你更安全，即使连买轮胎的钱都要用标会。我还听过一个最让我钦佩的买环绕音响的理由，是为了让耳背的妈妈可以拥有最佳的歌仔戏音质，就算他不知道杨丽花有没有出 CD。

男人真的很辛苦，要费神找一大堆原因，好像连吸大麻都可以讲得义正辞严忧国忧民。这些借口你多少领略过，原因是雄性的本能，不太容许自己在异性的世界里扮演软弱无知爱美贪玩的角色，那些事是娘们做的。（不过，时代在变，有些角色模糊的男人，没在我讲的范围，请见谅！）

一家之主岂能轻浮，所以我们不能承认酒店真的很好玩，打高尔夫球不赌没意思，买车是为了追美眉容易，抽烟是因为消除紧张，喝酒能让自己逃离现实的世界，看新闻是我们也想知道八卦或看别人倒霉，假日待在家是不晓得要去哪儿，刻录器可以刻A片和旧女友的照片，漂亮的运动鞋和轮胎钢圈就像女生的魔术胸罩，能强化性特征，而老是换工作这件事，是因为自己真的不知道未来在哪里……

这些我们能讲吗？还要不要混啊！？跟女人不能讲，那跟男人呢？其实我们也很少谈，只是大家心照不宣。即然不讲原因，那一定要有结果，结果对男人太重要了，男人不喜欢漫无目的，不喜欢等，不喜欢迂回。我们不讲气氛，不来心灵的交流那一套，我们讲奇檬子（感觉）、讲效率，我们只做有结果的事，来确定我们活着，那些没结果的事，留给女人就好了。

所以，打球有输赢，赌博有输赢，划拳有输赢，男人用比赛去弥补上帝少给我们的感性，所以男人和男人相聚不会只有聊天，因为我们聊不出一朵花、一片云，尤其男人聚会，智商会随着人数增加而递减，我们要靠酒帮助我们确认强弱，一定有人会醉或不醉，要靠女人巩固我们掠食者的地位，一定有人会追到或被拒绝，这些都是结果。

于是，你会看到一群男人在PUB聊不到三句，就起哄拿起手机想尽办法找女生，美的当目标，丑的当笑柄；会看到男人酒过三巡后，意志坚定地搂着彼此，用干杯来代替勉励，尽在不言中，个性脆弱的，抱着闪亮三姐妹，一把鼻涕一把眼泪大唱《爱拼才会赢》。然后大部分的最终剧情，不是醉倒在马桶边，用着剩余的力气睁开眼睛，就是帮女孩子叫计程车，孤单的在残念春梦中睡着，可怜的男人们却还是越挫越勇地，再相聚再变笨再不断地找所谓的结果……

为什么会是这样的情况呢？女人们会问，男人难道不能没有结果？偶尔说说废话，无所事事，看着天空发呆一整天也不赖呀！我也很迷惑。

记得孙中山说过“要做大事，不要做大官”，这句话总会在午夜梦回时把我惊醒，我从不想做大官，我也只想好好地做一件小事，很怕辜负了伟人的期望，因为我分不清楚什么是大事什么是小事，相信也有很多的男人分不清楚，大事好像就是有钱、有好车、有影响力，所以把贡丸汤煮好没办法拿来炫耀，家里整洁很会照顾小孩也不是追女生的大绝招。

但我不灰心，世界一直在进步，相信有一天，总会有那么一天，男人的热情比成就还值钱，女人会被男人洒葱花的样子弄得春心荡漾，被刷马桶的姿势搞得意乱情迷，逗小孩学狗叫比说法国话还性感。到时候我就每天在家数花瓣，看算命节目，剪头发分叉，虽然我是男人，做这些事很没营养，但老是要讲原因，喝醉等一个没结果的结果，很累的，你不晓得吗……男人也会累……

你可以熏瞎我的眼睛，
刺破我的耳膜，
凝固我的鼻孔，
剥掉我指尖的皮肤，
磨平我的味蕾……
但，我仍要告诉你：
“你和别人太靠近，我就是会吃醋！”

让

男生常常搞不懂所谓的让
我们的定义很像武侠片
说好让几招就是几招
是可以数量化
是有逻辑的
但女生的意思不太一样
让是一种概念
没有边际
没有道理
翻成白话就是“直到老娘开心为止”
兄弟们 懂了 便得道了

上

是在你耐性用尽
脾气爆发
撒手放弃前

再整理一次情绪然后和颜悦色地对她说

“好啦……
别不愉快了……
我们去吃顿好吃的晚餐吧！”

Betray

背叛爱

她有个习惯一直改不过来，
拿到星座运势，总是连他的一起看，
即便两人已经分手七个月零九天……

第二十五课
你找不到比我对你更好的人

“你找不到比我对你更好的人！！”

你听过人家跟你讲这句话吗？还是你曾经跟别人说过？这是我个人认为，史上最无力又无效挽留对方的一句话，就像是羚羊被狮子咬住脖子后最终的一跃——既无奈又不得不做的求生动作。

分手的原因很多，但再怎么义正辞严、冠冕堂皇，只要有一个不想放手，就算国家认证法官裁定，要闪人的理由就不成立……你就会遇到许多超乎自己判断的状况……而听到或讲出这句话的几率就很高。

如果你是这句话已经听到麻木的风流浪子……你滚！滚得远远的！这么绝情的负心汉，本书不欢迎你，你滚……我不想跟你讲话！什么！？你是女的……干得好！父权社会就需要这种新时代女性去打破……但我恭敬地请您看下去，有一些小男人的心声您参考参考，作为我们两性平等互信的基石，不知阁下是否给小的一个机会？（别骂我，我对狗腿生涯也有些厌烦，但男人不买书啊！主流读者是女人，你要我怎么办哪！）

若不幸，你老是要讲到这句话，我想先劝你去看个眼科，查查视力哪里有毛病，怎么总是挑个不珍惜你的人，我想讲的是，这句话很没道理，全世界有六十亿人，凭什么你就认定对方找不到更好的人？又或者说，你哪儿来的自信去断言自己是付出最多的人？

是怨怼，我想。
是没办法了，我想。

一方不愿意离开时，常常能做的就是委屈自己、顺从对方，用弱势的姿态去换取强势的怜悯，急救似地挥霍自己的自尊、喜好、眼泪，去延长感情的寿命、爱恋微弱的脉搏。但是当一切都无效，爱情终告不治时，眼见所有的方法、说辞、牺牲都得不到回应，唯一能够讲又赌气的说法，只剩这句话了：“你找不到比我对你更好的人！”

其实，这句话没有什么不好，只是没道理。全世界寂寞的人如此之多，像我刚才说的，找到一个对自己好的人，有什么难呢？相信我，真的，如果你以为委屈自己，把自己放在一个让人予取予求的地方，就是对人家好……这种人在地球上特别多，不差你一个，别顾影自怜以为你有多么珍贵，这么喜欢听，去钱柜点张学友和高慧君的对唱，连副歌要唱十六次你最珍贵，而且男的还会送你红色玫瑰，女的会在你爱里沉醉。

爱情，没有身历其境得不到种种忧乐悲喜和生存法则，即使可能谈了无数次的恋爱，看了几百部的爱情电影，熟读各小说家的爱情箴言，却仍提醒不了、阻挡不住身陷爱牢中的人，在终点结算彼此爱情往来的明细。爱情不该，也不必如此不堪。这不是在做生意……不是吗？

所以，我说谁付出多寡根本不是重点，想走的人，不会因为这句话而留下；不想走的人，更加不想在此时，去加减计算你的付出……

阿斐比起来实际一点，他用了很多悲情的手法挽留，但对被冷落许久萌生分手念头的女友招招无效，弹弹虚发，心灰意冷的女友看到阿斐的号码连接都不想接，他情急之下差点做出羚羊临死前的大绝招，在最后谈判时脱口说出：“你……你找不到比我更……”，但幸亏及时把话给吞回去，因为我们之前有讨论过这个话题，嘲笑过那些自认为爱付出最多的情痴。

于是，他改口说：“你……你找不到比我更了解你的人了……谁会知道你讨厌紫色，红茶不加柠檬，高中的时候曾经爬墙翘课，刷牙不用漱口杯，腰容易酸……”他像小学生背书一样战战兢兢地说了几十个女友的喜好，直到他开始讲她奶奶的名字，妈妈的身份证号码的时候，女友开始软化，破涕为笑。虽然身份证背错5码，但孝感动天啊！现在两人虽还会吵吵闹闹，但总比分手好。

如果那时他说出了“你找不到比我对你更好的人”之类的话，我知道他那漂亮女友吃了很多苦，猜想她女友会说：“比起那些想追我的男人……你的好算哪根葱？！”搞不好又是另一场争吵，两个相爱的人就散了。或许你又会问：“既然阿斐这么了解女友又爱她，当初为何不好好珍惜？”答案很简单……如果我们这么懂事，当女人就好了，当低等男人多可惜……

爱可以极度凶残，当它背叛你的时候。

爱

贫穷就是，摸摸爱人的口袋，
惊觉一分子儿的感情都不剩……

第二十六课
我哪里比不上那个贱货

“男人就是贱！”

“男人用下半身思考！！”

“男人的大头被小头牵着走！！！”

总有机会听到这样的耳语：“老婆这么贤慧，他还让别人怀孕？贱！”“她这么漂亮，男朋友还去招妓？贱！”“她这么聪明，老公还跟个女工乱搞？贱！”我们不断听到电视广播杂志书籍名人……各种媒体讨论男人们的不贞时，得到结论几乎只有一个，就是，男人贱，控制不了色欲。

女人对男人性冲动的仇视，到了一个图腾化的境界，当女人们发现男人们无法像自己安于同一个对象，又不解背叛的原因时，相濡以沫的方式就是骂男人，来填充困惑安慰心灵。

不过，你们知道吗？其实，我们男人也有千百个不愿意啊……我解释给你听嘛，别急！等一下……先别骂脏话……我说的是真的嘛……这不是做错事还强辩，大家从道德面、感情面，甚至从命理面，研究男人的性低能时，为什么就是没有人从生物的观点来看男人的无奈呢？

你看到小羚羊被花豹咬住脖子的时候，不会怪花豹干吗要吃可爱的羚羊，而不去吃那丑陋的鳄鱼，什么？！你会！好好好……你们女生最有爱心了！是我不对，举错例子，那换个情形：你总不会去谴责螃蟹横着走、鼬鼠太臭，就如同你会原谅猫偷腥、鼠打洞、狗吃大便……因为你知道那是动物的本能，那是一种大自然的力量。“可是，我们是人！”你说。我晓得，我当然晓得，我还晓得礼义廉耻怎么写。

该死的是我怀疑当男人面对一个陌生、火辣、年轻、需要拥抱的异性时，身体的某处会释放出一种神秘的有毒物质，麻痹我们的意志，摧毁我们的审美观，让男人不自主地走向肉欲的世界……更可怕的是，这个有毒的物质还一定要经由生殖器排出，所以你看那些嫖客一办完事，就希望妓女消失在地球上。

为什么？就是因为我们身体的垃圾已经不见了，男人又回到健康的状态……什么？！听我在鬼扯？“人家马英九就不会！”拜托！你们难道不明白这世界上有三种人吗？女人、男人和圣人！马先生是归在圣人那一种，不属于男人，比例很少，很少，何况他每天慢跑又遇不到辣妹，辣妹都睡很晚。

我不是帮男人除罪，男人的性冲动和习惯性不贞确实很糟，我是想提醒伟大的妇女同胞，男人要靠教育来矫正，很难！靠你们用骂来提升，更难！反正骂又不痛……

我只是不愿再看到女人遭遇背叛时，又问自己："我哪里比她差？""你在上她的时候，难道没想到我？"答案都不是……大多数出轨都是暂时性的。姐妹们，问题出在我们的身体不一样，就这么简单！男人需要经验去看见自己的无知，我不想八股地说"女人要自主，要独立！"之类言不由衷的屁话。如果可以，多原谅男人一次，看在我们身体不好的份上，否则尽管甩头走人，别婆婆妈妈地在街头巷尾逢人就问："自己哪里比不上那个贱货？"那对事情一点帮助都没有！

最后，在此呼吁医学界赶快发明"专情特效药"和"性冲动乖乖针"，让我们男性也可以脚踏实地地做个高尚的人，不用再浪费钱去买A片和做一些狗屁倒灶的滥事了。

维持爱恋的感觉，
远比得到一个男（女）朋友艰辛多了……

很多人喜欢把谈恋爱搞得像比赛，
忘记别人眼里你们是一队的，
他输了，你们都没赢！
再说，老是打败你爱的人或爱你的人，
到底有什么好玩？

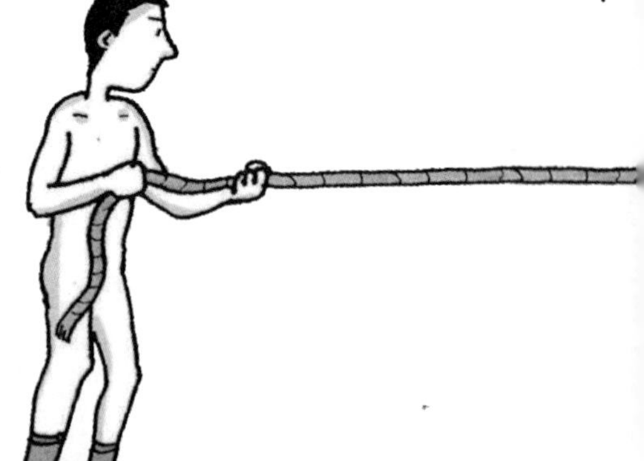

第二十七课
恋人都有世界大战

第一次世界大战耗时多久？是四年。没感觉，对吧！那我告诉你，总共死了七百五十多万人，花费了一千八百六十三亿美元，破坏了难以估计的美丽建筑、古迹和艺术品，造成了几个民族之间的仇恨。可是，这并无法启示我们任何事情，人类仍旧在二十一年后，发动了第二次世界大战。接下来的日子，在各个国家、边境、海洋，继续着这个血腥又无聊的仪式。

而且，决定这件事的人，都是各地推派出最聪明的家伙。他们想让不同环境下长大的人，变得跟自己一样：供奉一样的神，吃一样的食物，穿一样的衣服，甚至用一样的逻辑、一样的是非标准来过日子。

只是，世界上最智障的决定，往往是最聪明的人做的。做愚蠢的判断就算了，更没有意义的是，不论打赢或打输，战争大部分的结果，跟打仗前是没有差别的。花费了如此庞大的代价，结果是寻求一个不需要死人、不需要争吵、不需要破坏就可以获得的原点。你说，过程像不像许多人的爱情路径?

尤其像透了阿年与玛姬……

阿年谈恋爱的时间，恰巧跟第一次世界大战花的时间一样，他们在一起四年了。阿年是个三代同堂、喜欢热闹的农村子弟；玛姬则是父母离异、天生内向的台北小孩。男的爱跑户外，女的讨厌阳光。一个不重穿着，腰上可以挂电话、钥匙、霹雳包；一个超爱打扮，肩膀只能背 LV、古奇和爱玛士。两个人根本是不同星球的人，没料到会凑在一起。

姑且不论个性背景差异大，外貌上玛姬是典型的成熟 OL，阿年却像个第一天上班的弟弟型生嫩导游。不仅从六叔公到小学同学，没人投赞成票，就连餐厅小妹、代客泊车小弟和大楼管理员伯伯，也没人说过他们像情侣。但四年前，显然有种莫名其妙叫“缘分”的鬼东西，让他们拼了命，跨过家人好友筑起的边境防界，说什么都要谈场恋爱，怎么样都要到彼此的秘境中，挖到肉眼看不见的宝藏，然后证明自己的眼光没问题，好让那些看笑话的人羞愧。

其实，要是他们能够一直怀抱着初衷走下去，我想是不会有人说风凉话的。毕竟祝福比诅咒优雅多了，没人一天到晚想看笑话。坏就坏在他们终究负担不起真实生活重重的牢笼。两人第一次意见分歧后，阿年跟玛姬就不断想把对方同化，用着自己习惯多年的价值观……

两人吵架的原因，从报纸丢到垃圾桶的折法，到哪一个星球有外星人……信手拈来随时可吵。双方挑剔的话，从对方家人国语不漂亮，到睾丸素分泌太少……左右逢源，啥都可骂。刚在一起时，骂人的话还会语带修饰，过了热恋期后，完全像是随时备战的敌人，用伤害来平复自己被激怒的情绪，以阴冷的手段期待温暖的回报。也忘了两个人开战的理由都是为了对方好，是为了有走下去的机会。

虽然在平静下来时，他们会试着弥补一起撕裂的缺口，可是就像地球的和平老是无法永久，阿年与玛姬的战争仍旧零星地发生，只是从大规模的毁灭战，变成丛林里的游击战。感情生灵涂炭之外，连周边的人都被迫表态，大家都害怕在半夜看见他们的号码来电。

幸好，最近他们有停战的打算，也就是各自退回原点，退到不在乎彼此爱吃的菜色、不关心对方行踪、不看两人这周运势的原点。退到没去过巴厘岛裸泳，没到过市府广场许愿，没一起在床前款款凝视对方的原点。如果能够，他们甚至愿意退到两人初次见面的 KTV 包厢，退到他们点同一首合唱曲，正在看同一本书，而产生那个该死缘分前的原点。他们宁愿选择在那晚各自回家，不留电话、不参与这场烽火绵延的战役。

因为这四年来，他们消灭了无数个相信爱情的细胞，杀死难以估计的浪漫神经，毁了太多美好的夜晚和假期。花了巨额的钱在没有任何意义的争执上：他们在飘着雪的京都，为了选哪条路回饭店赌气分开；为了要不要戴围巾这个问题，在圣诞夜倒计时前翻脸走人；刷卡更换一只只摔坏的手机、一扇扇踢坏的门，生气绕路无谓挥发的汽油；分开时传伤人的简讯，见面时相看无语。

但，最奢侈的，也最难以挽回的，是那些撕掉的甜蜜照片、扔掉的定情物，还有曾经凝固住幸福的青春。就像所有战争一般，两人成为互不顺眼的异族，想起对方，满脑子都是怨怼跟悔恨，只差没在相爱时期到过的餐馆、咖啡馆、汽车旅馆立下和平纪念碑，刻刻提醒自己打仗时的苦楚。

是阿年笨？还是玛姬呆？怎么尽用流血的方式来处理爱情？都不是！两人就像发动战争的聪明家伙。两人就像你我，就像我们认识的所有平凡情侣……愤怒是最先跑出的念头，在开第一枪的那一秒，忽略了伤害的、让他汩汩流血的，是我们想让他们变好的伴侣，是我们最爱的人……

无奈战役停止后，习惯用攻击来讨公道、来征服对手的人，一定还是会像不断制造炸弹、训练军队的黩武者，在失去判断能力时重蹈覆辙。这种循环让我想起爱因斯坦的预言。他说，永无止境的东西，除了宇宙，就只剩下人类的愚蠢了……

我实在不愿意相信他的话，希望你们也别认同……

爱上人的速度常常比自己预期的快，
遗忘人的速度却总比别人想象的慢……
慢很多……

不乖！
不是告诉你不能看
大胸部的女人？！

有办法的男人总是对安分守己这件事特别没办法……

第二十八课
背叛的正当性

风流，是上天忘了给女人的劣根性，那是你们需要反复练习、极大诱因才能激发出的再生性技巧。

“背叛”两个字，对女人而言是不流血的枪决，没有刑具的凌迟，那是不愿意谈论的鬼魅，无论是谈背叛人或被背叛，都像未结痂的伤口，没事别碰。要探讨它有没有正当性？去！这一听就知道是烂男人的烂问题，女人不会蠢到替它辩护。

当然啦……我不否认这的确是男人的天赋异禀，出轨之于许多男性，像是候鸟辨认方向的磁波，不用教就会。而那种没有妨害正常关系的间歇性偷吃，在男人的世界中，根本是某种被默许的行为。

跟你们藏私房钱差不多……只是，我们藏的是回忆。又或者，男人背叛，不怎么需要理由：胸部不够大？口交技术差？喜欢Kitty猫？

穿高跟鞋走路难看？还有，太熟……太熟也能成立吗？！亲爱的，你以为“因了解而分开”这句话是女人发明的吗？男人要背叛，无一不成理由，随手播种处处开花。

虽然我清楚爱人肉体变节的苦，但也想帮那些背叛找到正当性。找到一些……可以理解、令人同情的蛛丝马迹……

我要讲的是，小柳，他爱家爱子不烟不酒，唯一的乐趣是跑步和听交响乐。但，正值青年的他，每次熄灯上床，想傍身枕边人寻求温存时，对方总是不耐烦地推托：明天要早起，会吵到小孩，今天很累……小柳结婚三年做爱的次数是打手枪的尾数。当他遇到一个自己找宾馆、找饭店、找车床位置，满眼淫柔的辣妹的瞬间，他挡得住吗？能不心动吗？精液太满会漏出来的郁卒，半夜起床洗内裤的狼狈，你们高尚优雅的女性不会了解的。

小柳是爱他老婆的，就像翔哥一样。翔哥的太太是《欲望都市》的忠实观众，莎曼珊说的每句台词，她奉为圭臬。所以当翔哥的接吻，舌头没有灵活地摆动时，他太太马上会说：“请问在我嘴里是个死掉的蚌吗？”所以当翔哥想来个随性的爱爱时，太太也绝对会喝斥他前戏不足：“你不晓得女人的身体是要用慢火才能煮得熟吗？”每一次性爱场面都像繁琐僵化的仪式，翔哥说，有时做一做，会想到孔庙的八佾舞。他说，有时只想来段 free style，不想背本子，最后那个爱看日剧在床上没那么多规则的网友满足了这部分……

但他是爱他太太的，就像阿河爱他女友一样。阿河说，他发现女朋友不刮腋毛，第一次帮她脱衣服时，女友双手伸直，黑色的体毛在白皙的膀子下喷出，他还以为是整人玩具。他女友是个崇尚自然又正经的女性，家里有好几套精装本的昆虫百科，她不来化妆品、网袜、高跟鞋、激情香水……那一套，阿河曾试着跟她说女性风情对两性平衡的重要。但结果是，女友花了一整晚跟阿河讨论西蒙 · 波伏娃，结果造成的另一个结果是，他跟一个叫艾娃（男生的名字？）的酒店公关搞上了。

从小柳到翔哥到阿河……没人想毁灭自己台面上的爱情，但暗盘中情欲的满足，却是合理自己出轨的最大动机。在情感上没有法官，没人能断言，背叛是否具有正当性，但似乎又再度证明了一件事——爱情里只有爱，是不够的。

星期三，他像个缓降的破了洞的气球，
几乎能在每次吞吐间，计算着悲伤的数量，
伴随着心悸，手指颤抖……
当他发现他很久没有正眼瞧过的老婆手机的亲密讯息后，
简讯变成刀片，割得他无力再高高飘扬，
原来，出轨的不只他一个，
原来，被背叛的感受，如此煎熬……

男人要堕落几次才能明白，
那欢愉短暂的人生是在往下掉的。

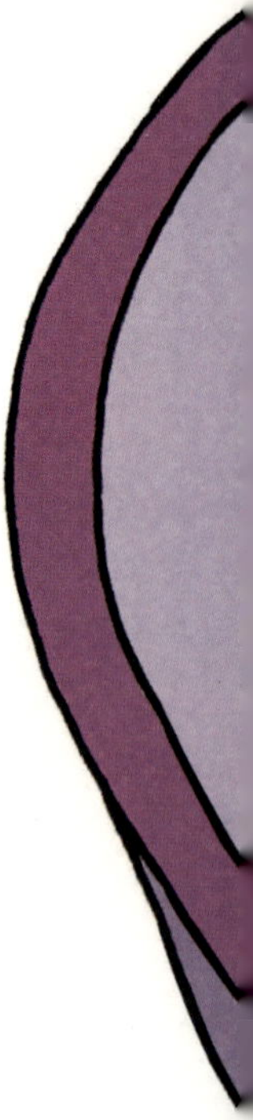

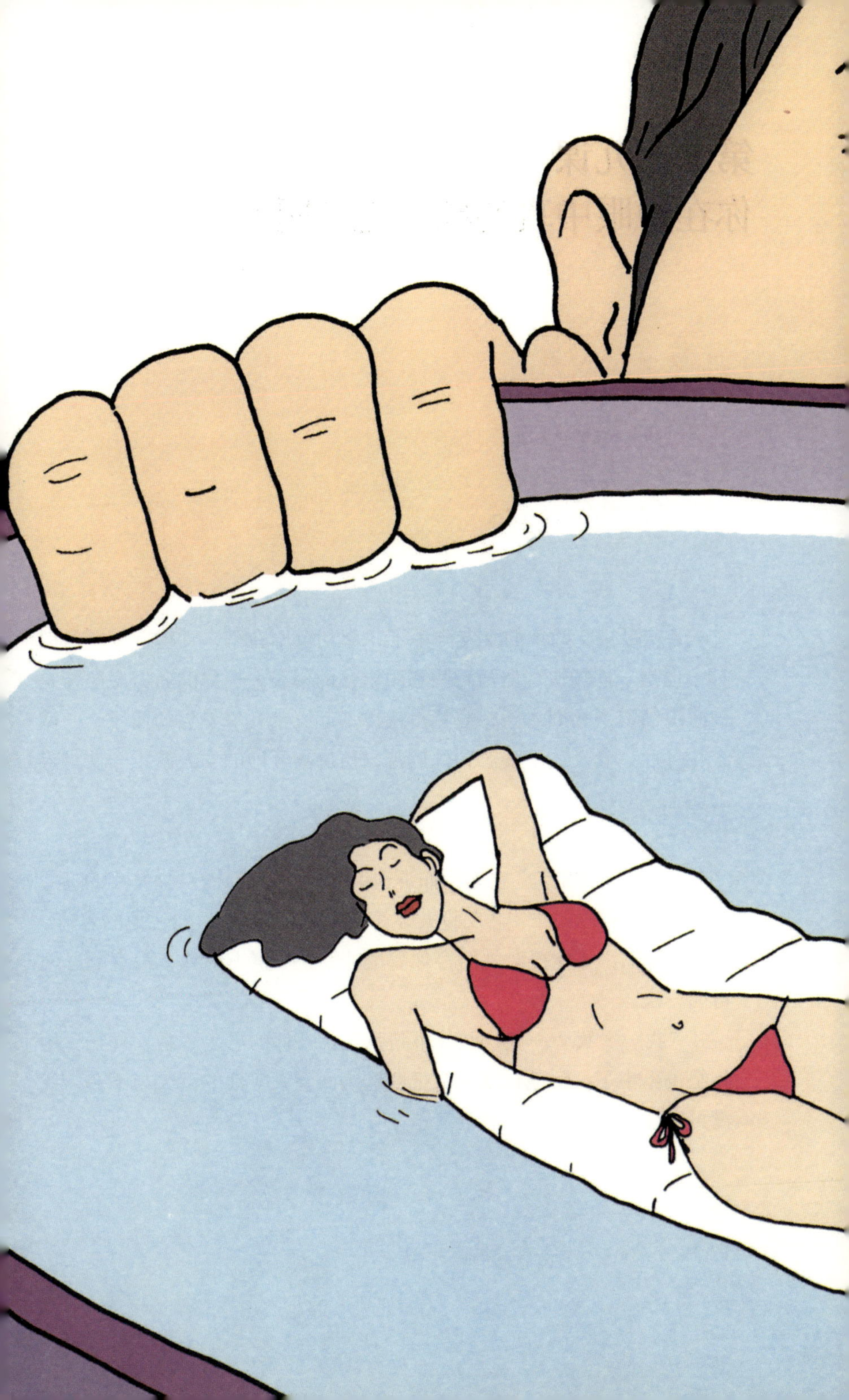

第二十九课
你在她眼中真的独一无二吗？

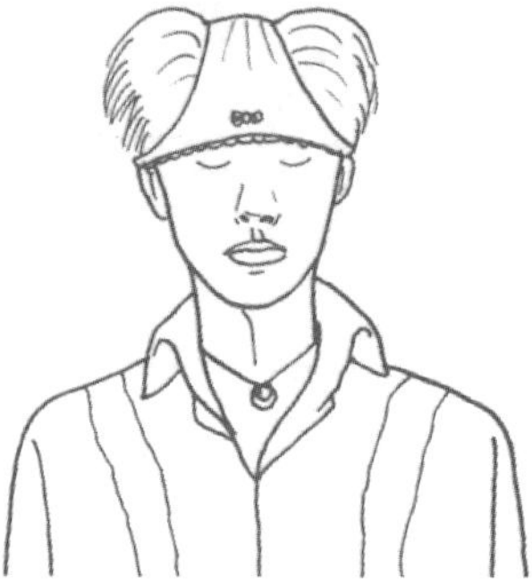

老友跟相交两年的女友分手了，起初蛮不在乎，觉得恢复单身的日子也是一种畅快，但随着寂寞跟记忆的侵袭……他的骄傲底座像是被海浪蚀透了的旧木条，摇晃得快撑不起三十几岁熟男的面子。一两个礼拜后，老友放下姿态到处诉苦，仿佛离开他的女人做了一件世界上最愚蠢的决定。

“你哪里特别？”在如泣如诉地讲完前女友的昧行之后，我问他。

“什么意思……”老友瞪大眼答，我的话太冷静，僵住他的表情。

“我说，你觉得对她而言你哪里特别？”老友够熟，没有顾忌地再问一次。

“我……我……我，她找不到我这种条件的男生了啦，拜托！她年纪也不小了。”他口吃地又把问题绕回女人对他的亏欠与不合，我没再继续，因为问题显然很笨。

在爱恋的滚滚洪流中，谁不认为自己特别呢？

两人相遇，你说是缘分，是上帝安排，是命运转动的时候跳到彼此身上的花火，肉麻一点，还能对着天空呐喊，你的诞生，根本是为了等待她的出现……自己对于爱人而言，特别的无可取代！但，会不会只是两个寂寞的人不小心起了蝴蝶效应？然后因为懒惰，因为习惯，因为一堆该死又莫名其妙的理由，就暂停在某人身旁，拖了迟了搁了彼此几个寒暑，才惊觉这不是一段缘分，是上帝开的玩笑，是天上掉下来的无名火……你会对着马桶大叫，他的诞生，只是让你修了一门上辈子没修好的课程！

爱情的发生或许跟小说赋予的美妙无关……单纯只是几率的问题？并非我不相信天赐良缘的逻辑，只是相遇再怎么神奇，仅是爱情寿命里的开场，相对于要汲汲营营的感情长路，短暂得像开幕烟火，炫目就在那几秒。但偏偏这些认识的季节、电话号码的尾数、名字的笔画，在热恋时刻都成了特别的理由，尤其是被爱人认定之后更加有信心，就是对方期待已久的那个灯火阑珊处的人。

条件越好的人，越有这样的迷失。可惜，优越感是爱情天平上最烂的砝码……因为漂亮抵挡不了年纪，有钱买不了满足，才华缤纷不了人生的无奈。所以柴米油盐、岁月风霜之后，你的特别又特别在哪儿呢？

真实的，是在一段关系里的付出，点点滴滴累积而成的，才是属于你的闪亮徽章，哪怕是一碗便宜的泡面，一张擦掉她泪水的面纸，一个背后不经意的拥抱，一句无怨无悔的承诺。那些看似廉价，两人稀松平常的真心互动，往往比起暧昧时的电光石火都更感人，但不幸，因为太过于简单琐碎，让这些事情极易被忘记。

我们会忘记不要口出恶言，不要停止讲好听的话，不要用伤害对方来平复自己的愤怒，不要用自己的优势来同步爱人的习惯……于是所谓的特别，在爱情面前，格外的讽刺。少了付出跟经营，无缘的人日后想起你来，净是怨怼，而且还“特别”怨怼……这小小的道理却要人吵架、心痛、分离方能领悟，实在不值。

人们总是对自己在既有关系里的位置，有过于虚幻的遐想，以为感觉的良好就能粉饰所有的过失，然后让自己逐渐在爱人眼里变得平庸无奇。

我当然相信必定有某些人，可以左右逢源，仗势欺人，完全置身于如此的规则外；但我更相信，那样的互动绝对少了真心，更持续不到永远，因为发现对方的美好跟接受他的不美好，不是一瞬间，不是只有热恋期，而是一辈子。用一辈子来加减乘除才会知道你的爱情特别与否……

应该有很多人换算不了！

谁说爱情不公平？
我倒觉得挺公平的！

有的人痛一次，

就会知道哪里、哪种人、哪种事，会让自己受伤……

一次就懂，这种人，我们叫他爱情的天才。

第三十课
跨不过的八厘米

1999 年的冬天，某饭店的喜宴上，一米七八的天蝎女认识了一米七的狮子男。

两人都来自单亲家庭，刚结束了初恋，有着相似的背景，很快就找到了话题，也对彼此留下了好感。

虽然有留下电话，但他却迟迟不愿表白。因为狮子座的他，老觉得找个比自己高的女朋友，有损他的骄傲。聊了几次，经过了一番挣扎，他决定不让八厘米阻挡他的幸福。

再三考虑，她被他的笑容感动，再度打开了她因初恋受伤的心门。

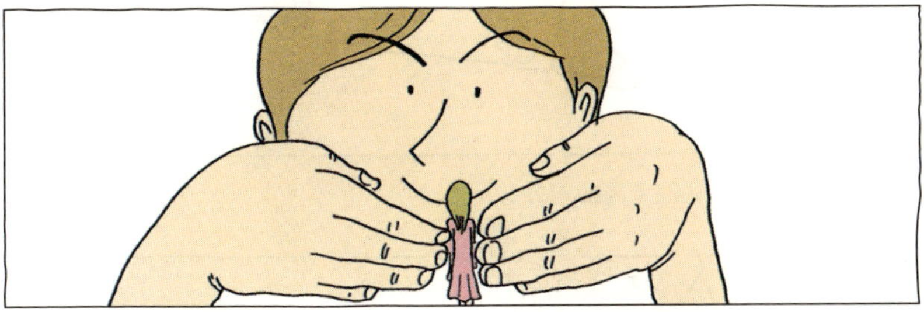

身高不足，他加倍的温柔，加倍的呵护，希望变成她心目中的巨人。

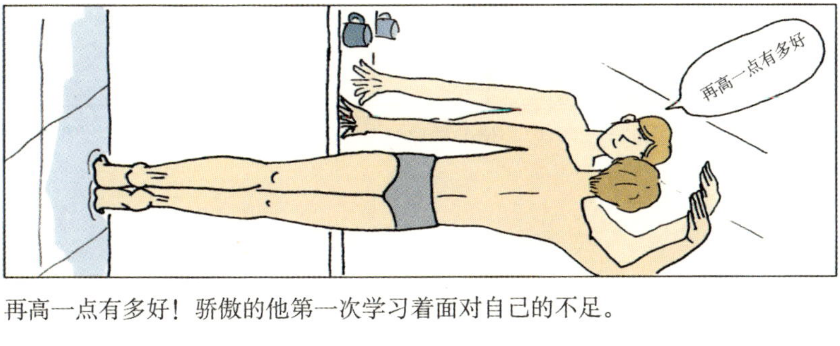

再高一点有多好！骄傲的他第一次学习着面对自己的不足。

她开始把有跟的鞋都扔了。

走在行道上，尽量让他走高的地方。

改变自己牵手逛街的习惯！挽着他的臂膀让他的手显得自然。

她甚至试着忘记青春期时被心爱的人搂着肩膀看海的梦想。

换成她搂着他的肩膀！企图用玩笑来缓和他在众人前的不安。

有了爱，慢慢地，他们在不同的高度看见了相同的东西。

于是，两人就像森林里的狮子和长颈鹿。

慢慢地距离近了，向来独立的她，也习惯了被保护。

最后，由长颈鹿变成了心中希望成为的动物。

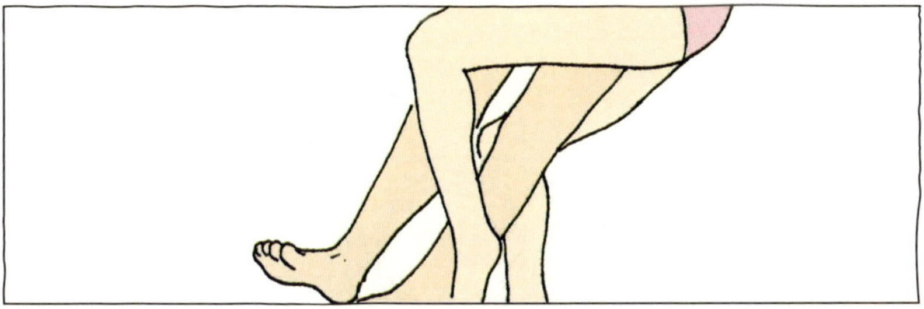

只是不论两人如何接近，狮子男却始终认为女友的心中有遗憾。

尤其当他知道她从未和高大的初恋男友停止联络。

他对自己的没信心发酵成对感情没信心。

只是他忘了，她说过，她比较想当小白兔，而非长颈鹿。

他没搞清楚，并不是每个人都跟他一样骄傲，一样在乎别人的看法。

爱情还是无法克服所有的事，他们开始吵架。

之后，他们的争执几乎变成见面的热身操。

每次的吵架，又让原本的八厘米逐渐拉长。

不过她都会在离开前多停留几秒，等他再多哄哄自己，再一次她就不走。

然而，他不断地让她失望。

天蝎女不解，只要再哄一次，她马上就回心转意。

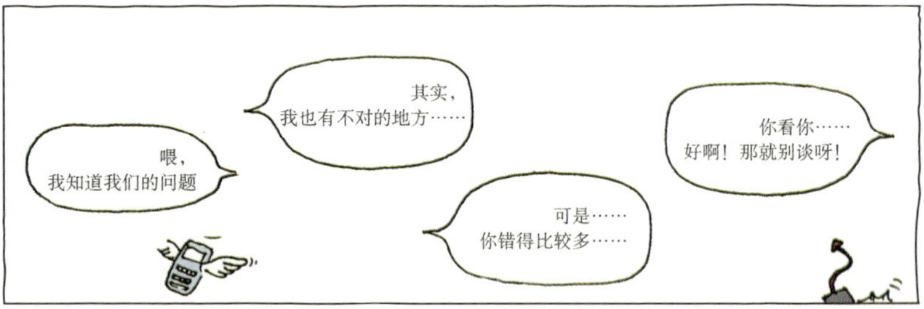

狮子男却认为，要哄可以，大家先讲好几次！

要哄几次女人才会满足？若算得准，还叫爱情吗？

“喂，我知道我们的问题。其实，我也有不对的地方……可是……你错得比较多……你看你……好啊！那就别谈呀！”他也试着分析两人各方面的问题，却总是平和的开场，火爆的闭幕！

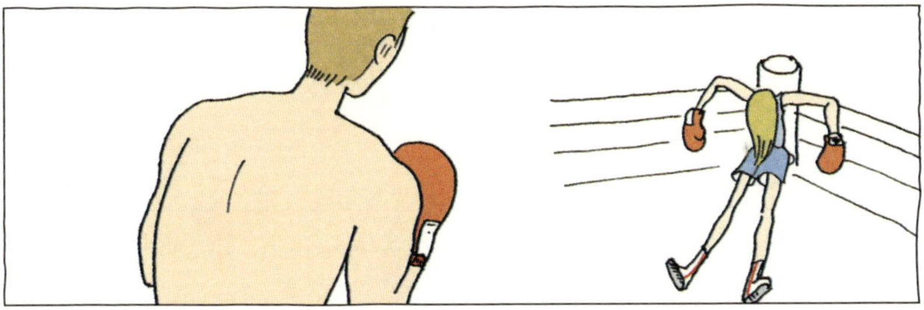

他没弄清楚，电话的另一端只想听情话，不想听道理。糟糕的是男人好斗，即使是和情人吵架，还是招招击中要害，想置对方于死地。

少了耐性，他们离得更远了，这次不是身高的落差，而是心与心之间的断层。

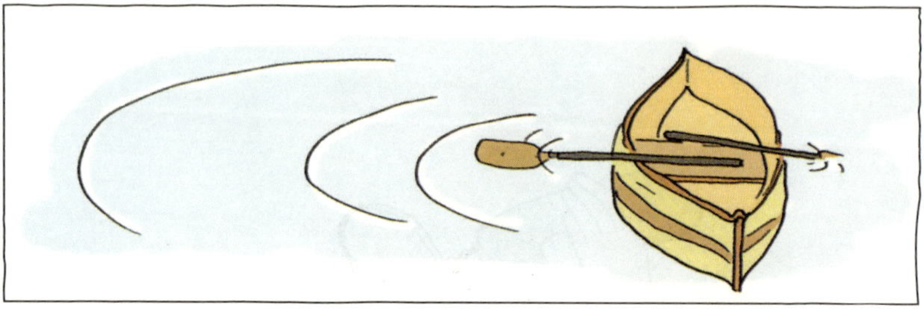

感情的河流里，两只桨都静止时，船就停了。

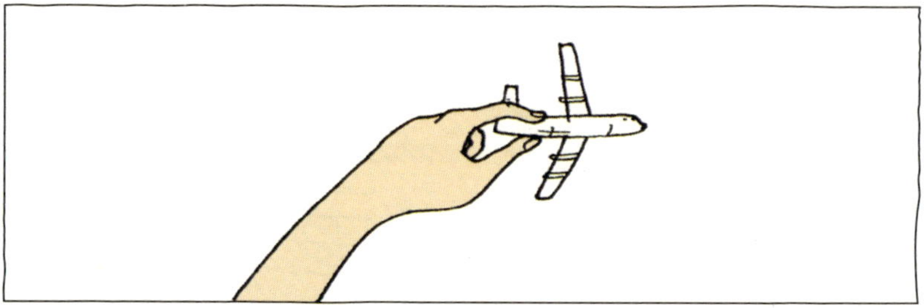

于是她停止期待，选择用出国来脱离这段关系，她告诉他，自己即将远离。

在南台湾开会的狮子男急了，开了四小时的车夜奔台北，拗不过他的纠缠，希望给她十天时间考虑。狮子男凭着过去的经验，想尽任何令她感动的招式，第一天送花，第二天送早餐，第三天 call in 到电台点歌给她听……他仿佛回到刚认识她时的积极，不管她再如何冷漠坚决！直到第十天，他带着她一直想买却舍不得买的布偶，敲她家的门……然而，她还是用着自己的逻辑测验他……“我觉得，我们真的不适合。我想，还是算了吧！”

第十一天，她一早就打开窗户，化好妆，心里盘算着狮子男来时，要给他个大拥抱，然后去他最爱的餐厅，好好吃一顿，再也不吵架了。

但等到天黑了，餐厅打烊了，她的计划落空了。

男人没再来敲她的门，连电话都没有，因为男人的十天就是十天。

第十二天，她到百货公司买了一套新衣服，连行李都没拿就上飞机了！

因为她怕载着有他的回忆的事物会让自己超重，飞不起来！

他们终究成为了彼此的纪录，他是她交过的最矮的男友，而她则是他最高女友的纪录保持者。

就算他因为她，丢掉了王冠。

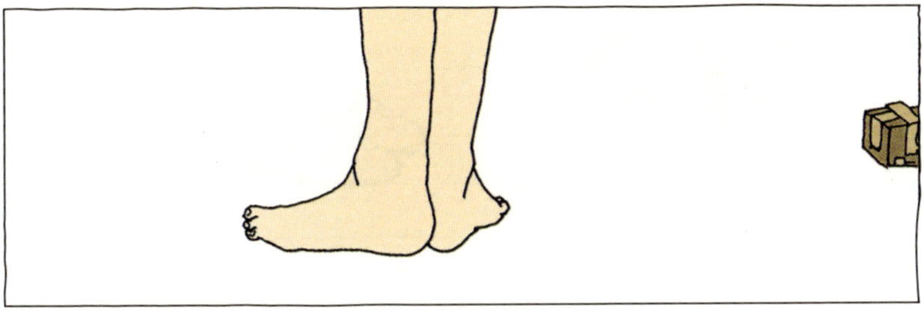

而她为了他才打包的高跟鞋，从此也没再开封。

两个有着相同孤单的人，加起来竟没变成热闹，就像有着相同图案的袜子，仍得分开着穿。他们不再联络了，结束了三年的感情。

曾经这么努力，跨越上帝设计的障碍而相爱的恋人，竟因为跨越不了自己筑起的围墙而分离。可惜他们并非唯一忘记辛苦的男女，相同的情节，仍旧在我说故事的同时，在各地上演着——狮子男和天蝎女，几年后各自有了新欢，他们分别带着这次交集时所得到的误解、悲伤、快乐、技巧和经验，投入了别人的怀抱，偶尔才会在朋友不经意的口中，或未收好的团体照里，感觉到这段青春岁月里的余温……只是彼此心中的误解却永远没有答案。

故事说完了……很抱歉！并没有给你美好的结局，因为真实的世界中，男人没自信又何止身高这一项，爱情的复原力比我们期待的还孱弱……

虚弱的感情如同细沙，握得越紧，漏得越快，手放开，风一吹就散了。

第三十一课
男人其实比较爱男人

撇开低等的肉欲需求，也不要那么狭隘地定义爱情的话，我偷偷告诉大家，很多很多的男人爱男人比爱女人多，或者严格地说，在情感上，男人……都是同性恋！

一定有人觉得我在危言耸听，明明金赛博士说同性恋的比例是十分之一；明明你男友还是很爱你，仍会吻别；明明你老公虽然不勤奋，但偶尔还会亲热一下；明明你办公室的男同事，看到美女还是会分心，私底下偷偷换 A 片，电脑桌面也是比基尼女郎；明明你认识的大部分男人，提起同性恋还是会露出一副“真受不了他们”的表情，难道你看到的是鬼吗？所以，这次你绝对不接受我的胡说八道……

请听我分析给你听，先从一些你熟悉的画面讲起，你八成看过男生在楼梯间、茶水间或走道间，没人看见的地方，练习挥杆扭腰的动作或转身投篮的手势，而且表情之认真、态度之专注，几乎可以想象他们在球场上击出漂亮的一杆，获得其他男生赞叹时骄傲的表情。

那我再问你，看过男人在茶水间练习温柔地捧着女生脸接吻的手势吗？看过他们在楼梯间练习让女人更开心的做爱扭腰动作吗？没有吧……别说那样很不雅观，所以没人这样做，因为你一定听过更低级的黄色笑话。当然，从这里也许不能看出男人爱男人，但男人为了得到同性的赞叹比女人的夸奖更加努力，这一点你总该承认吧？对了……当男人讲完黄色笑话时，他们暧昧地相视而笑，想取悦的不是你，是雄性集体猎食的快感，男人取悦的是男人。

再谈到吸引力，你们欣赏肌肉又大又壮的线条吗？许多姐妹说恶心嫌弃丑陋。你们羡慕军旅学长学弟枪械弹炮的生涯吗？一堆女生说无聊哈欠连连。你们喜欢辣妹又嗲又娇的样子吗？不少异性说做作冷嘲热讽。更别提你们懒得听的政治观点、难坐又昂贵的跑车、很难搭配衣服的多功能荧光球鞋……

可是，多年下来，两性沟通也算足够，男人难道不晓得你们的喜恶吗？我们仍旧热衷于表达对这些事情的投入，像将军别的勋章一样越多越好。如果还不懂，你总该知道孔雀为谁开屏吧？在生物界，动物的鲜艳颜色夸大器官，除了御敌外就是吸引异性的注意。而我说的肌肉、跑车、辣妹、萤光球鞋……就像孔雀屁股的漂亮羽毛，抱歉宝贝……那是为了吸引男人的……不是你。

至于“义气”这东西，那毋庸置疑是男人相恋中最极致的表现！爱车被撞坏了，我不计较，是兄弟的就别啰嗦；朋友被灌酒，我帮你挡，就算我已经吐出胃酸；看上同一个女孩，我让给你，管她喜欢谁；

遇到死对头报仇，我跟你一起抗敌，在伤痛中相扶持；到风月场所寻欢，我陪你共度良宵，虽然在肉体上，兄弟们无法连结，但透过神女，大家的心灵还是能够紧紧结合的。这……这不是爱情是什么？简直比爱情还伟大！

不然你试试把老公的爱车撞个洞，每天叫男友吃他不喜欢的东西，或者告诉枕边人说你对他的帅哥朋友有兴趣，有机会可不可以约个会，我保证他们不会跟你讲啥义气的。当然啦，这样看待男人间的感情略嫌偏颇，也许爱情的本身一定得具备身体上的交流才能完整，可是人类的灵魂是不是只能局限在渺小的性别里？这一点其实值得各位思索……

如果你还是无法同意我的理论，唉……那我只能借用我的同志朋友们想改变我的异性恋倾向时最常说的一句话：“那是你还不了解你自己……”

要安分的男人，去找和尚谈恋爱吧。

小兰和他吵了几次，
了解了他是个狠心的浪子，
会毫不留情地转头。
所以，她学着一个人扛着爱，
踏着他的足迹向前。

其实，孤单地爱着不累，
累的是，跟得紧怕他嫌烦，
跟得远怕再也追不到……

第三十二课
浪子的条件

女人误会我们了！其实，没有一个男人喜欢被称作“花花公子”，不是我们不花，而是因为那个名字听起来软趴趴的不够狠，感觉两三拳就被撂倒了。比较起来，另外一个称号才可以得到两性普遍的尊敬，那就是……浪子。

麻烦各位试着想象，一位女性用幽幽的语气叹道：“唉，谁叫我爱上个浪子……”你看，多么的凄美又宿命啊！余文乐骑着重型机车，额头还流着血的画面，使浪子的形象立刻就浮上眼前，就算他昨天才跟别的女人睡过，你仍然不忍苛责，因为你爱上了浪子，就得爱他的狂放不羁。

那我们换个台词，同样是一位女性用着幽幽的语气抱怨着：“唉，谁叫我爱上个花花公子……”你看，余文乐就不会来了，变成曹查理出现了……（抱歉，曹查理是我们那个年代有名的反派，年纪太小的人或许不认识，请去租八十年代的港片。）你脑海中闪过的一定是个油腔滑调的臭小子，靠着老爸的臭钱鱼肉女性，别说女人，连男人都想扁！所以说，我们怎能接受花花公子这个外号呢？

一样的游戏人间、招蜂引蝶，不同的名字，意义大相径庭。但那些关于浪子的形象毕竟只是电影中的桥段，落实在现实的生活中可行性太低。身为忙碌的现代人，在金本位的世界讨生活，哪有人头壳流血还骑车乱逛？那叫黑社会不叫浪子！而且如果长得像刘德华或郑伊健，叫女生自己坐捷运来家里，没叫她顺便带晚餐就不错了！谁有空再去弄什么气氛？

话说回来，浪子到底要具备什么条件呢？据我多年深入多名浪子的生活核心，归纳出以下几点心得：重型机车或跑车，可有可无，但如果你长得像猪头还是有点加分作用的。凌乱的单身公寓，还不错！跟妈妈住的小孩不会变坏，没资格当浪子，凌乱的房子会诱发女人母性的光辉。才气纵横却郁郁寡欢，要死不活的气质一向是砍杀女性防备的最佳武器。自由的灵魂，这是浪子的基本教义，如果你喜欢规律，那带着你的女朋友去扶轮社唱《感恩的心》……

最后，最重要，也是浪子的终极条件……就是不挑。什么？！不挑也是条件？当然是！以为每天要换不同的女人这么容易啊？哪有这么多美女、优女、气质女？如果你要浪荡的生活像电影中的缤纷，你就会要面临到“断货”的情况，于是要当个浪子就得向现实低头。我有个浪子朋友，女友从国际线的空姐到纵贯线的槟榔妹，从一米七的模特儿到七十公斤的网友，爱情起起伏伏，标准随着寂寞的程度高高低低。到后来，他终于了解，原来，没有那么多笨蛋会等着个没结论的男人。

最后，拜托女性朋友们别再挑剔一些男人的眼光了，有美女抱谁想抱恐龙？浪子……有苦衷的……

周末的晚间8：00，小汤跟刚分手的女友吵完架，
在记事本上留下的一句话：
“如果爱情必须存在着痛苦，可否别用痛苦来结束？”

所有男人哭的时候，
会习惯遮着脸，
会习惯用手抹去泪痕，
不会让泪水停留在脸上太久，
因为哭会被笑，
因为爸爸妈妈从小就有教，
男生打针不能哭、
男生跌倒不能哭、
勇敢的男生不能哭，
所以我想，
眼睛是男生最脆弱的器官，
一旦它掉泪，
就表示，
我们什么防备都解除了！

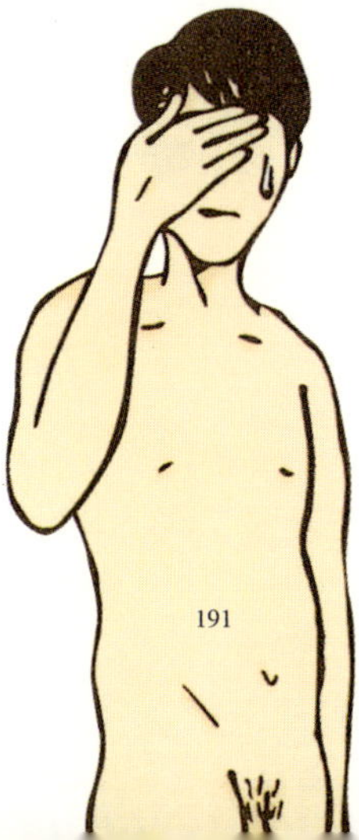

常常，

一不小心，

我的爱就漏得到处都是……

第三十三课
男人真他 X 的狠不过女人

我越来越觉得，男人到了一个年纪，会超级需要爱情的，或者说需要一个平衡他工作之后的重量。

这跟既有的想法有点不同，以往在电视剧或书上看到的剧情，不是男人在商场上努力漠视爱情，要不就是为了赚钱忘了老婆，好像男人的感情不重要。我想若不是我活在另一个世界，就是那些编剧骗人！感情这事怎么可能忘得掉？

我的朋友劳伦斯前一阵子跟他相交五年的女友分手了，生活模式突然大转变，以往他的程序是下班、接女友、吃饭、租录影带、洗衣服、睡觉，也不是这么固定，有时他们会把租录影带和洗衣服的顺序颠倒，当做是生活上的小变化……

虽然偶尔他会暗示自己的感情世界太过于单调，但小俩口也没说过要分开，起码劳伦斯先生从来没认真考虑过分手，直到一个微寒的夜里，他女友无预警地离开了……一个为他放弃美国国籍跟着他回台湾五年的女人，任凭他如何哀求，竟连头也不回地走了……

原因等一下告诉你……

三十四岁的男人被甩，很惨的！成年大男人的感情复原能力很差，好像歌词写的，那个女生在他身上留下了碗大的伤口，装牛肉面那种。从此，他的生活就失衡了，下了班没人陪他租录影带，衣服堆得满屋子也没人洗，假日连吃个饭都不晓得该开往哪个方向，常常一发呆就是一下午。人一呆意志也薄弱了，整天像个空心的木偶任我们操弄，叫他出来泡茶就泡茶、唱歌就唱歌，叫他去溜狗，讨厌宠物的他竟也陪着我们在太阳底下晒了一下午，配合度之高，乖得不像个三十四岁的处女座男人。

各位不知道这个中的差异，我先还原一下这个听话的大男孩，本来是个什么样的家伙。他自小备受疼爱，长得也好，会打篮球，会弹吉他，还从南加大拿了个硕士回来，可以想象他的自负不是没道理，只是他的龟毛也等比例增加，我们这群好友每次陪他去买东西，为了让时间加快会帮他一起挑出些意见，他大哥总是一个个否决，搞得我们像是一群弄臣，他只差没喊“退下！”，什么玩意儿嘛！过去找他出来老要威胁利诱三催四请的爷们，竟然有一天会随扣随到，真是老天有眼！

严格地说，我不太认为他是因为这个女生受伤，我觉得他是被自己建造的爱情模式弄混了，慌乱了。当然我并非否定他与前女友的感情，但他始终没把感情放第一位，他把需求放第一，所以谁都可以，谁能站在平衡他忙碌之后，洗衣服租录影带陪吃饭的天秤上，别废话少啰嗦，谁能够解决他的问题，就是谁了。

所以他女友离开的原因，就无须多说了吧？不过，现在的他交了个新女友，开始会站在另一半的角度思考事情，体谅变成他感情的第一顺位，可悲的是，男人总要经过这关，错过了，被遗忘了，才惊觉自己原来和女人一样需要爱情，原来我们还是没办法靠工作朋友打球来填满我们的人生，原来男人真他 X 的狠不过女人……

分手跟砍头一样，求的是个痛快，什么冷静三个月，缓冲几个礼拜，

拖拖拉拉地延长没有情感的互动，就像连皮带肉的凌迟，对谁都没好处。

The end of love

爱情的结果

男人嘴硬，但其实他的真爱，
不难分辨，陪他最久的那个便是……

第三十四课
跟动物一样的做爱

汤阿斗很害怕他老婆穿上豹纹的性感内衣，这个动作类似某种求偶的讯号，宣告着：“老娘已经准备好了，快给我死过来做男人该做的事！”因为豹纹内衣像是老婆的五星战袍，穿上它，老公就应该视同作战期间随时等候将军差遣。如此的负担让他回忆起当兵数馒头站哨的日子，那个万般无聊却又不得不履行的无奈义务。

如果你认为是她老公不爱她，或惊讶于好色男人怎么可能这档子事还要人家勉强，你很有可能是以下两种人：

一、是你年纪尚轻，肌肤光滑有弹性，跟男友过夜还要编借口骗爸妈。你是找到机会就跟男友用整夜不睡觉的时光跟磨破皮的代价去印证爱情存在的青春无敌妹妹。

二、是你风韵犹存，天生丽质难自弃，后天保养加运动，还每天详读素女真经，勤练闺房密术。你是恋爱运极佳，另一半用了这辈子跟下辈子的爱来巩固彼此关系的好命女人，否则，你怎么会这么天真？怎么会有这两个涉世未深才会做出的判断？

汤阿斗当然爱他的老婆……

只是做爱这件事虽然是由一种绵密复杂的情愫发展而来，但行为的本质是非常动物性的。即便电影导演用柔焦镜头、晕黄的灯光，用花瓣、羽毛、海浪、丝质床单，用俊男美女的脸、健身教练的腹肌、模特儿的长腿，用 NG 一百次锻炼出来的优雅接吻角度和浪漫爱抚姿势，美化这个臀部推送的原始行为来提醒男人对女性注重情调的要求。

可惜男人不太记得影评拍案叫绝的桥段，也没人会去理蒙太奇的隐喻。一部廉价的烂 A 片就足以打败所有的顶尖名导的绝作。因为冲撞我们脑门，令我们喉头燥热，让我们至死不渝的清晰情节，一定是最低级、最不唯美、最荒诞不经的画面。那些令我们发春睡不着觉，从记忆库中拿出来把玩的剧情，没有花，没有星星，没有草莓的清香，绝对要弥漫着粗糙败德的气息；而最刺激我们的方式，套一句汤阿斗的话："要像动物一样的做爱。"

动物们怎么做爱？

你们知道有些猫科动物进行繁殖的时侯会咬住雌性的脖子吗？蒙古公马亲热前常常踢完母马的肚子才骑上，科摩多蜥蜴喜欢在尸体边缠绵，还有一种雄丽鱼在示爱时会狂暴地虐待母鱼……别误会！男人当然不会偏执于这么残忍的交欢，但我们要的是迷雾丛林的氛围，那种狂野豪放、不修边幅地翻云覆雨。

像动物般地做爱，像是男性真实感情荒漠中带着一挂瀑布的清潭。

但是，亲爱的女友太太们，你们默默地跟着我们吃了这么多年的苦，拒绝了这么多条件更好的追求者，就好像我们没有血缘的家人一样……“家人”耶！男人再好色，再下三滥，再寡廉鲜耻，也不会对家人像对动物一样，是吧？

那些招数是用来对付你们口中纵欲的滥货，是对付那些不熟又不需要认识她爸妈的女朋友。

至于熟记我们生辰八字，认识我们小学同学，听过我们说了一堆老板的坏话，明白我们这辈子做过的滥事、好事、鸟事的你们，我们做不到……就算你们可以配合。推倒你们怕受伤，抓你们头发怕痛，你们对男人而言，可以是妹妹，是女儿，是妈妈，但就不会是动物。在这方面，我们战战兢兢，草木皆兵，男人在这么熟悉自己的家人面前演不出放肆的角色。

我相信刘德华跟刘太太在床上一起看连续剧的时候，不会忽然腾空丢香烟用嘴接住，表演电影里的耍帅动作，若他真不识相地做了，我保证刘太太会给他个大白眼，就像我们在家里耍帅，被你们吐槽表情一样。

男人在家里面要维持一定的形象，又没办法用另一面貌出现。我们能选择的只剩下像平凡老公一样的做爱，像个照表操课的小兵，像个公司里不到月底不努力冲业绩的三流业务员，哪管心底那层的幻想跟现实是冲突的，违背的，我们也不愿意让虚拟的感受干扰了正常的生活。至于细胞里声声呼唤的野性，就用美国高尔夫球杆把它击得远远的，用欧洲车的引擎抛在脑后，用古巴的雪茄烟雾来弥漫那片漆黑的森林。

我知道还有一些不死心的伟大女性会问：“难道没有其他的方法吗？”“有啊……”

有朋友说只要做到以下四点就可以了：一、不管看到男人出现多愚蠢的举动都不能责备；二、不管我们吹了多大的牛都不能揭穿；三、看到我们穿着内裤露出肥肚子，都要有像看布拉德·彼特的渴望；最后，也是最重要的一点，别再以为男人爱看豹纹内衣、透明薄纱，跟什么舔舌头、抿嘴唇的表情了，那是别人穿得性感，别人调情，家人变成那副德行很扫兴，OK？女人身材顾好，眉毛别洗掉就谢天谢地了！

但这只是我身边一小撮极为少数的臭男生说的，不代表所有（包括我）男性。我的一个女性朋友听了之后，不屑地反唇：动物界又不是只有男人狠，人家母螳螂跟公螳螂嘿咻之后，就会把亲密爱人的头啃掉，我们女人留你们这些烂货活这么久，你们还敢在那边嚷嚷，真是太不知好歹了。

说的也是！男人太不知足了。

其实男人也知道母螳螂这件事，不过就像一个男性朋友讥讽道：“是啊！公螳螂只要做一次就挂了！你叫它跟同一只做一百次试试看，我跟你打赌它会喜欢那种下场！‘牡丹花下死，做鬼也风流’，懂不懂呀？”

他说的话，大家听听就好，连我身为男人都不会苟同的……啊！我这样太没骨气了……不能怪我，谁知道女人何时会变成螳螂？别冒这个险比较好……

我知道没有永远的敌人，但没料到，
“永远”也是个敌人……

第三十五课
比永远还久

小梅二十五年“幸福”的婚姻没了。

从她发现出问题到结束，不过短短几个星期，很难想象，是吗？所谓“幸福的婚姻”怎可能像大楼倒塌，瞬间夷平？纵使她们谈判了好几个夜晚，但几星期的拉扯跟二十五年柴米油盐的光阴比起来，对女人而言，确实像瞬间。过去的幸福画面如同快转，婚姻崩塌时在眼前跑了一转，停格时才猛然惊觉已经剧终。这剧情让自认为是女主角的小梅完全无法接受。

老实说，尽管姻缘告终，没人会质疑小梅成天挂在口中的好命人生。她从毕业后没上过一天班，老公是大家眼中标准的好男人，两个小孩跟她就像姐弟，非常亲近，家庭生活几乎是美满关系的范本。那……究竟是何种力量结束了她引以为傲的幸福？表面上看来，摧毁一切的是年纪小她快两轮的外来入侵者。

可是事实上，真正的破坏力源出内部，来自于她对男人的理解始终停留在她十八岁结婚时的程度。十八岁呀！多稚嫩的生命阶段……年轻的婚姻对她来说像是个急冻保鲜袋，把她密封在一个家庭中。所以，二十五年来不管感情发生了什么事，她只用着十八岁的天真跟懵懂去隔绝掉环境滋生的变数。

但男人呢？在外面闯荡二十五年的男人呢？那极为标准的丈夫的度量衡，已误差到不知天南地北。九千多个日子的磨损，当初立下的誓言，小梅紧抱着的完美刻度，早就不清不楚，两人的对错并不是重点。我想说的是，小梅对时间的判断出了大问题，标准老公找不找得回二十五年前的纯真？天真少妇能不能拥有四十三岁妈妈该有的豁达？都不见得能有个答案。可是小梅一定要面对的一件事，就是她对时间之于两性的定义，尤其是“永远”两字，有着很大的迷思。

从她婚姻出状况以来，她最常挂在嘴上的两句话就是——“难道二十五年比不上两个月？！”“我们本来可以永远这么快乐的……”这话哀怨得理所当然，悲愤得师出有名。不过也明显发现小梅对时间观念的认知，跟大部分的人一样粗浅。两个月的感情厚度当然比不上二十五年！但重点是，男生要的是激情，没人讲究年份，那不是红酒，不是黄花梨木椅，不是挂在墙壁的古董画。

小梅一定忘了她刚认识老公时，两人爱唱罗大佑的歌。其中有段歌词是这样的：“你曾经对我说，你永远爱着我，爱情这东西我明白……但，永远是什么？”小梅八成忘记唱了数百回的歌，已经提醒她去思考这两个字的定义。披头士会解散，李小龙会死，就连手臂上有刺青的大伯都到对岸去定居了……她青春时的真理，一一消逝！

那……永远是什么？永远不是个东西，没有任何可供辨认的物理状态；或者说，时间无法暂停，人的细胞会老化，会衰败。对于庸庸碌碌、倚靠反射动作生活着的人类，根本就没有永远这回事。对于只信赖眼前摸得到的事物的人，永远是个屁，甚至连屁都不是……屁是气体，是种物理状态。

换个角度来看，小梅拥有过二十五年的幸福，比起太多遭遇不快乐感情的人，她获得的多得太多了……起码比她的偶像约翰·列侬和洋子在一起的日子还长，约翰·列侬被枪杀时，他们的婚姻生活还不到十二年。若说在他死前，小野洋子还深爱着他，对约翰来说，他得到了永远的爱情。

我并不是说服小梅要认命，只觉得青春花在斤斤计较着感情谁亏欠谁上，对四十三岁的她，未免奢侈了。人生在前面，不会在后面，她把永远的钥匙放在老公的手里，怎会有开门的一天？她那段美丽的日子若能够转换成人生的一部分，变成他未来人生的资产，那才是她的永远……

况且，我们该努力追求的，该在乎的，是比永远还久的事才对。就像，初吻时的悸动；互许终身的坚定；望着孩子熟睡的脸的心安，那些在我们伤心沮丧时，支撑着我们的甜美画面，才是真永远啊！无论如何，永远——绝对不是那位还彷徨在十字路口的破功标准老公，心还漂泊在异地的迷途男人。

如果小梅还执迷不悟，我希望她学学墨西哥女画家弗里达·卡洛，她挚爱的男人在她有生之年不断地偷情，她在临终前还是告诉丈夫：“就算经历了无数的冒险、打斗、诅咒、污辱、绝交，我们将永远彼此相爱，虽然你不如我爱你一样爱我……但总还是有一点爱我……我希望你的爱能继续下去，这样我就满足了……”那样子的永远即使残缺，却也总比哭天喊地来得凄美些，因为，黄脸婆的自怨自艾离永远——实在太远了。

叫狗过来身旁，绝对不能骂它

否则它会把“过来”和不好的事联想在一起

对男人，方法也是一模一样

第三十六课
连爸爸都不是好东西？

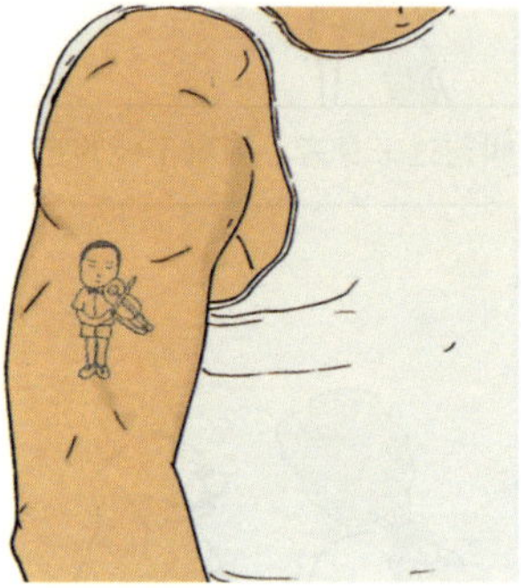

我听太多父亲以过来人的经验，对着豆蔻年纪的女儿说过同一句话：“爸爸告诉你，男人没有一个好东西，连爸爸都不是！”连你爸爸都不是……这个要加强女儿对男人的防范的感叹句，背后代表着什么样的意义呢？我现在没有女儿，无法体认爸爸们确切想表达的是哪一种警世教诲。但，我被说过几次……或者被误认为……不是好东西。对“不是好东西”这个头衔，也算有些心得，我始终觉得女人或爸爸言重了。尤其是护女心切的爸爸们……你们也是男人啊！怎么会不晓得台湾男生可怜的处境。

台湾好女虽然很多，可是对好男的要求也不少。七十分条件的妹妹，要跟九十分的哥哥交往，等我们看妇女杂志，关心星座紫微，锁定美食频道学料理，再买几支绩优股，等着求婚时卖掉，换房子头期款。我们尽可能地让自己接近女记者、女编辑、女制作在各大媒体标榜的九十分的对象标准时，却又发现七十分的意中人，随着你的进步也变成了九十分。

她们变成女神，变成甜心，变成万人迷，她们现在要的是一百一十分的男人。你最好是可以在国外办婚礼，送他钻戒的小开，要不然能写出催情偷心的歌曲也行，否则你就要有穿夹脚拖鞋也帅气的长相。重要的是，九十分女孩希望你除了有十八般武艺外……还有一颗情比金坚的心。

我要说的是，癌症不是好东西，海洛因不是好东西，塑胶制品不是好东西，没人会有意见。爱养生的朋友说，腊肉里面的亚硝胺不是好东西，贡丸板条里面的硼砂不是好东西，忙碌工作的坏情绪不是好东西，我统统都举双手赞成。可是，我们男人——各位偶尔心猿意马的伴侣，是个欲望控制未进化完全的生物体，顶多让你掉个眼泪，气几天，还能怎样？而且，我们犯了错，被你们骂几句，冷战一阵子，笼罩在你威胁要走的局面之中，被你的姐妹七嘴八舌地攻击之后，我们还不是就乖乖地在家里写信忏悔，在各大精品店挑礼物拜托你回心转意。比起那些致癌物、要人命的脏玩意儿，我们……我们也算有贡献啊！

何况，男人以你们伟大女性的天秤，要不就是好，要不就连个东西都不是，说他“不是个好东西”……都嫌过奖！

你可以不写字，可以不念书，
但还是得明白，
跟你一起迎接清晨的那个人，
确实是你一辈子的功课……

四十岁的男人问我：
“你要娶一个爱你比较多，还是你爱她比较多的女人？”
“当然是爱我比较多啊！”答案几乎不用思考就说出口。
四十岁的已婚男子，笑笑说：
“我宁愿抱一个我爱的女人睡觉，
也不要一个没感觉的女人躺在我身旁一整夜。”

你自己爽就好！管她爱不爱你。

第三十七课
原来，这世界没有莉香

别以为男人工作的时候很严肃，我们常常不经意地在一些细节上透露出自己喜欢的女人的类型，譬如说我们会挑一个跟初恋情人眼神很像的秘书，当她跟你对行事表的时候，一不留神就会掉到身穿制服的温暖年代和暗恋的她讨论功课的场景；又可能我们会选一个手指跟漂亮的小学钢琴老师一样的总机，当她在拨电话的时候，我们可以看着飞扬的手指，想象讨厌的上司电话号码的声音也能谱出一首美丽的旋律；还有，我们总是对某个新进的女员工特别照顾，因为她讲话的样子跟我们欣赏的某个女明星很像……

以此类推，我们不难发现，我们跟客户谈生意，如果他用的洗发精跟你曾交往过的某人一样，谈起来特别融洽；跟厂商应酬，他们带出来见世面的新鲜人倒酒的姿势，如果让你想起暧昧很久却没到手的女孩，那天谁都不用应酬谁……

但那都不关我们的事……你高兴怎样就怎样！大部分的你们，我都不认识，所以你喜欢怎样的人，说真的，我无所谓！但是有一种人，我必须慎重地表达，慷慨地呼吁：你投注在工作上的幻想对象可不可以仔细思量过后再释放？

那种人……就是导演。

不爱看电视电影的人可能无法体会我的想法。我从小就爱看戏，爱随着戏中主角情绪的起伏，忽悲忽喜，也惯用荧光幕里的情节来检视现实人生中的百态，我以好人的角色自许，坏人的下场自省。我的心境跟着说故事的人的节奏在跳舞，换言之，我是一个好的观众，一个好的伴舞者……我懂得戏中要传达的意念，也看得懂每一个镜头，每一个演员表情所要呈现的力道，哪怕是微枝末节的一道光影、一挑蹙眉……我十足理解并感动。

但我们这种人，这种爱看电影电视的人，这种习惯到爱恨交杂、悲喜交错的戏剧世界里去逃避人生无趣俗套和单调的人，竟会被一个个导演荼毒，潜移默化、莫名其妙改变了我们的价值观，尤其是爱情这一块……

导演总是把女主角的个性、气质、内涵放太多自己的幻想，鬼知道他们融合了几届的历任女朋友的优点，投注在一个人身上，再配上他们试镜了几百个漂亮女生选出来的脸，然后打上美美的光，讲一些马奎斯才写得出来的台词。你们拍完可以追女主角，可以约女明星，就算现实里她们讲不出很棒的台词，起码脸一样吧。那……我们呢？X！我们怎么办呢？

我们都被催眠了。我们心中对完美对象的要求都被这些导演编剧定型了。记得退伍的时候，跑了几家公司面试都没下文，对前途一片茫然，情绪很差。我租了《东京爱情故事》和《新不了情》回家，狠狠地看它两天两夜不眠不休，看完后被剧情弄得好感动，差点像主角那样推轮椅到山上大叫，用叫声来发泄情绪。我当时想将来做啥工作无所谓，可是女朋友一定要找个像莉香一样有活力的！

莉香，你懂吗？就是每次会充满元气地叫你的名字，会在雨中等你好几个钟头不离开，帅哥追不走，嫌她嫌不跑，会陪你去你的小学找寻美好时光，心中始终相信纯爱的日剧女生典型……

十三年过去了，我遇见了好多好多的女生，但从没有遇到莉香。就算在咖啡厅、小酒馆、KTV，偶有相似的女子出现，却总在每一次跟戏里的主角比对过后失望。我甚至怀疑问题出在台湾，这里没有东京铁塔，没有下雪，我没有好身材可以穿起像织田裕二的风衣，所以找不到莉香。可是，后来不断地在新推出的日剧里看见莉香的身影，好像每一部都是她的分身，只是名字不同。

我这才了解！原来，这世界上根本没有莉香……我花了十三年，无数的咖啡、电话、汽油、饭馆钱，一次一次跟陌生的女子探试拉扯，一次一次跟熟悉的爱人争执推挤，我找到了这个事实：莉香只是个日本编剧加导演共同投射出的完美伴侣的形象，也只能在虚拟的故事里意淫。真实世界中再棒的女孩子都会有情绪，会来月经，你不陪她的时候会寂寞，有更好的男人追求会心动。当然，你背叛的时候，她会不留情地转身离开，她不可能时时刻刻充满元气、不知疲倦地叫着你的名字或热情地拥抱你……但因为现实和戏剧的差距，让我不断地和很棒、对我很好的女生错身，让等待我的女生失望，这能埋怨谁？只能怪自己太相信导演，太入戏，太以为自己够完美能配上戏里无缺点的女主角。

你问我还会继续找寻那个相信纯爱的莉香吗？别闹了！那是1990年的事了，谁还这么过时？！现在只要女友不废话，不三天两头闹脾气，不在乎我的存款和小腹……我就会用2014年最先进的爱来对待她，谁在乎什么莉香、优香、明日香？

纯爱这件事……就留给日本那群自溺在梦中的怪叔叔吧……别再让他们给骗了。

分手后，她做了很多以前不做的事

看了很多励志的书

吃很多药来助眠

打了很多通不讲话的电话给他

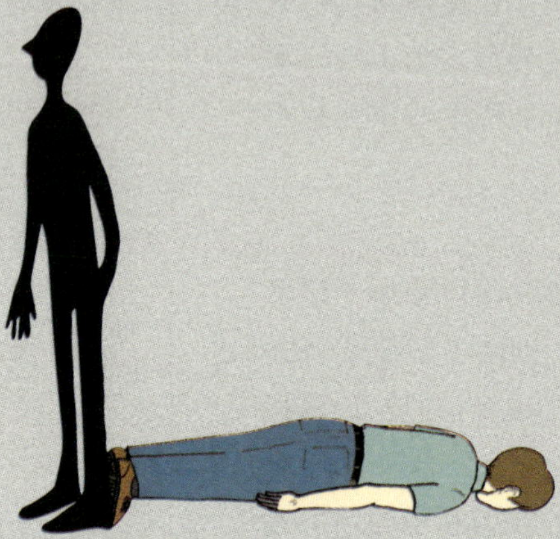

该死的是，分手的理由总是记得一清二楚，

但在一起的原因却怎么都想不起……

第三十八课
好女人死到哪儿去了

我参加过几个情场失意女生的聚会，聚会的主题杂乱到没一次记得，但最终的结论永远只有一个，就是找不到好男人。她们说，年轻时眼光差，感觉对了一头就栽进去，相处久了缺点一样样浮现出来，譬如花心、爱吹牛、不负责、少体贴、家无恒产，对方父母爱管闲事讨人厌又健康得像是会活得比你久……可是年纪大了选择更少，过了三十后，来追求的人更惨，根本是第一眼就可以看到缺点，像是矮子、秃头、鲔鱼肚、讲话有口音、穿金戴银没品位、有老婆的想偷吃、死老婆的有小孩、小指留长指甲用来挖鼻屎掏耳朵兼剔牙……被追的一点都不骄傲，遑论把他们带出来跟朋友炫耀。

年轻时，我曾站在你们那边，坚信所有的错都归男人，再看到一些糟糕的兄弟们，我更加同情女性们身处的困境。但日子一天天地过，朋友们恋爱了，分手了，结婚了，离婚了，我发现问题好像也不全然归咎于男人。你们，伟大的女性同胞似乎也有一些责任，所以在女生比例不低的福尔摩沙，我身旁有几个不错的男人，早过了适婚年纪仍孑然一身……

尚恩很会享受生活，随时可以带你吃最鲜嫩的煨牛肚或最浓郁的星鳗握寿司，还能告诉你做法出自北意大利、食材来自濑户内海；周末，老是有几张国家剧院前三排座位的票在他口袋；他喜欢速度感，所以买了一台五百二十七匹马力的敞篷车，时速最快可以到三百多公里；另外他还拥有一匹德国霍奇丹那品种的马，这种马特别高大，步伐也宽，跑起来虎虎生风。但他却总是开着跑车让疾风切向身体，绕过大圈城市，骑着快马、压着强壮马背打出的波浪兜了整个马场后一个人到咖啡馆喝着拿铁，用激烈运动后的心脏，感受寂寞时光以接近静止的速度缓缓地流逝……

史考特从小功课就好，几年前拿到美国名校的MBA，到华尔街上过班，还写了本畅销书。他不是印象中的书呆子，当然不会在约会的时候跟你谈商业并购案或财务流动比率，必要的时候，他可以用叶慈的诗传简讯，用李商隐的词写email，用郑愁予的文字来形容他对你的仰慕。他的脑子里头有一百种浪漫的电影情节和台词，足以让你鸡皮疙瘩直立。如果你不喜欢文艺腔，他还能说几个康康的笑话逗得你花枝乱颤。他左图右史，吟风弄月，不过却总是在想了无数个行销策略后，回到单身公寓面对自己滞销的孤单，无以名之，找不到说辞……

提姆身高一米八，一张娃娃脸，拿到理科硕士后对单调的实验室厌倦，毅然转行做起风马牛不相及的创意业，努力几年也成就了一家颇有规模的公司，有决心又热情的他，还爱运动爱钓鱼，他可以游泳一千米不气喘，溯溪十几公里还谈笑自若地教你蝶式的换气方法与如何分辨溪哥和苦花分布水域的不同。只是，多年来扮演阳光男孩的角色，却总不能让太阳照散那紧随他的独身乌云，泳技再好竟游不出无恋爱波纹的池子，他终究形单影只地在爱情溪河上等待着对的异性上钩……

怎么回事？你们遗憾身旁没有好男人的同时，我随便一抓就三个。我保证这几位不是猪头，不是同性恋，不会在家里换高中女生的制服穿。他们的条件就算不是黄金单身汉，也应该很有女性缘吧？为何没有女友呢？

答案是，他们找不到男人所谓的“好女人”。你们先别急着帮我们定义好女人的标准。男人的要求如果已经跨过脸蛋漂亮、身材姣好的择偶期待，早就不是大家闺秀、三从四德，对好女人的最大幻想若不再只是脱光辣妹的衣服做个不用负责的爱，你们，会不会连男人到底要啥都搞不清楚？

我知道你们会说又漂亮，又懂事，还要有气质，哪来这么多好女人？这就对了！男人的确会找不到伴侣，假使他对爱情的标准严苛，就像你们挂在嘴边多金又帅的男人总是缺货一样。

我不愿意把焦点只放在外表，因为台湾漂亮的女生真的很多，有气质的女生也不少，善良的女生……哇塞！满街都是！但重点是，没几个努力放大自己的魅力，美女不爱看书，才女不爱打扮，信女每天烧香拜佛求姻缘，我很质疑你们有几个认真研究如何接吻，有几个能忍住欲望不看八卦周刊，有几个专注倾听男人谈当兵、谈政治、谈运动、谈车子的汽缸数……不带成见去懂他们真正的想法？在男人开始擦保养品，穿流行套装，看情人星座运势，为爱情电影流泪的年代。

什么？！懂男人的女生多得很，是我见识少？好好好！我错，你们对……你们继续用时间来骂男人，继续抱怨好男人在地球上已经绝种，反正，我朋友找不到女朋友，少包几个结婚红包，告诉你，我才乐呢！

P.S. Guess what !? 我举例的三个优质男，经过七年，还是单身并未婚！

我怀疑，这世界上只有两种人，
寂寞的人跟不懂什么是寂寞的人。

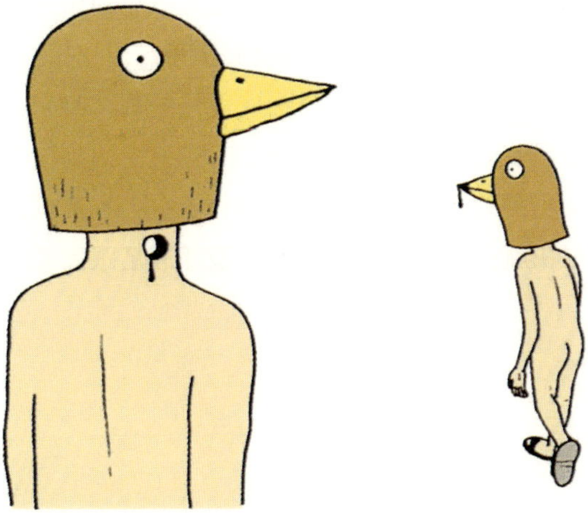

第三十九课
就当做什么都没发生

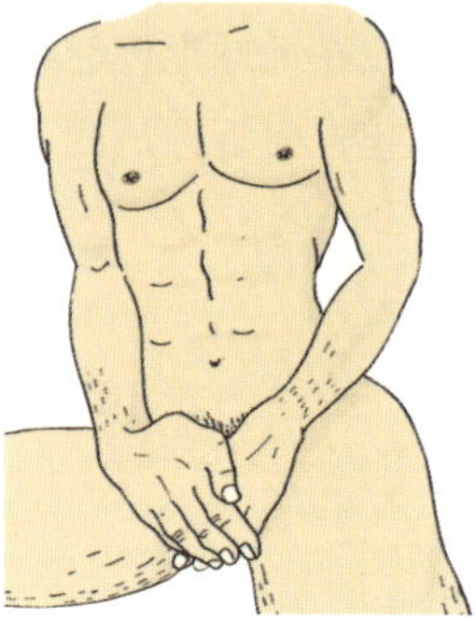

三十九岁的布莱恩躺在床上无意识地点燃一根跟保险套一起买的Salem，通常他抽的是Seven。你知道，男人嘛，抽凉烟怪怪的，但在浴室洗澡的珍妮丝抽这个牌子，找不到烟的他索性也将就着用，好像是有规定似的，刚做完爱的男人不管想不想抽，总是要来上一口烟，尤其是跟陌生的女子……

想起她才十九岁，又只见过几次面，即将迈入中年的布莱恩，有些得意自己宝刀未老，魅力尚存，居然还把得到小二十岁的良家少女。哗啦哗啦的洗澡水声，在他被几根白头发盖住的耳朵听来，像是青春风铃被午后的凉风吹起般清脆，一恍惚，时光就会回到荷尔蒙旺盛、满头乌黑的年少岁月的场景，如果不去摸肚子，会有错觉以为腹肌还在。不过，他很快就回到现实，男人的征服感满足跟高潮的时间一样短……

这个小女孩都还没毕业，听的音乐都是碧昂斯、圣女凡妮斯、艾莉西亚·凯斯，而披头士、老鹰合唱团，则是欧吉桑的最爱歌曲，你以为她只认识最后一个字是斯的外国人，然后跟她聊比吉斯，她却以为那是肯德基面包的一种，更别提几次见面她的穿着都是垮裤球鞋，鞋还不太干净，衣橱没有一件套装，这辈子没穿过高跟鞋。

布莱恩无法想象，和大学同学聚餐时要如何解释自己和珍妮丝的感情，跟下属要怎么介绍比总机还年轻的女友，他甚至想到前几任女友，看到这位年轻妹妹后，讪笑自己残害国家幼苗的表情。男人最清醒的时候，就是射精后的第一刻，他用了不到三秒的时间，就知道珍妮丝绝不会是自己的型，开始忧虑要怎样定位他们的关系……

要怎样让珍妮丝清楚，自己不想结束又不给承诺的摆荡，我比较相信的可能是……他怕麻烦又不愿失去免费温柔乡的贼打算。布莱恩好歹是个情场的老船长，十几二十年来，短暂的露水姻缘花火，也燃烧过许多次，这种要把人家放在一个“性跟爱分开”的歪理，他有好几套：“未来很难预测……活在当下最重要”，“这是个美丽的误会……不要太认真”，“别爱上我，爱上我……会受伤的……”。讲这种烂台词前，他还会对着床边的镜子拨拨头发练习几次，别笑！大学毕业后，他买的书不是管理就是理财，唯一一本关于两性的读物是《夫妻赚大钱的100招》，人家脑中残存的爱情顾问是琼瑶、庄奴和鹿桥，最坏男人的形象是柯俊雄，你要他怎样……

中年男人分类感情迅速又实际，比分类玻璃瓶、塑胶罐利落多了。青春都没了，床也上了，明天还要上早班，大家要有效率，这叫时间管理。他小心翼翼地想一个人睡以及叫女生回家的理由，纵使有过几次经验，但每次讲了这样的话都让人感觉很不舒服，虽然已经是十几年前的事了，那些人带泪的脸，近得像在眼前。

“算了！不然今天让她睡这里好了……免得伤了少女的纯情，”布莱恩想到自己的年纪和珍妮丝十九岁甜甜的酒窝，决定暂时忘记年少的把戏，今天做个温柔男人，庆祝临老入花丛，就在他又照着镜子拨头发，等待着在少女纯情的拥抱中入眠的同时……

“那我先走啦！”珍妮丝顶着一头湿发，边穿牛仔裤走进房间边冷不防地说。“啊……你……你不在这儿睡喔？这么晚了……”布莱恩被她干脆的一句话吓得结巴了，脸还僵硬，他力持镇定，还把一双脚靠着床沿，双手支撑在膝盖上，想呈现出七十年代爱情电影男主角的 POSE 说话，但对于她做完爱马上要回家的“上道”表现，还是显得措手不及……

“不要啦……我大后天要期末考耶！”女生一手抓着头发，嘴巴咬着发带回答，“干！什么烂借口……”他心里头发出疑问，两人第一次做爱后，跟我说要回家准备功课，太没诚意了……期末考比我们的爱重要吗？布莱恩怀念起初恋女友为了约会而挂科时无怨无悔的脸，虽然已经是二十几年前的事了，那双坚定的眼神还近得像在眼前。

“那，我送你回家吧？”他想展现成熟男人应有的风范，布莱恩缓缓地把腿踩回床沿，以左手靠着腿、右手叉腰的男主角姿势，微笑地说。“没关系啦！我要先去红茶店找我同学……”少女侧着脸照着镜子说。“你不是要回家准备期末考！？”“要先去跟我同学拿资料啊！吼……”“干干干！装……傻瓜都听得懂？这分明要去续摊……

烂借口、烂借口……”布莱恩又在心里嘀咕，此时的他像是个喋喋不休乞讨承诺的少年。

十九岁少女应对爱情的方式，对三十九岁的男人像是个解不开的数学题目，就算解开了也不知道是错是对。两人分开后，布莱恩常常想起她却刻意不打电话。他几十年的经验是，别让女生觉得你很喜欢她才能维持优势，何况，两人都上床了。如果直觉没错，单亲小女孩是疯狂迷恋他的成熟男人味……跑不掉的啦！

就在第三天的下午，他收到一条简讯，看到珍妮丝的号码，他窃喜自己的预测果然厉害，但也佩服现在的小孩子，真撑得住，以往他那个年代的女生，前脚走后脚电话就来，哭哭啼啼说是不是忘记她之类的废话……正在开会的他忍不住笑意地打开简讯，揣测着大概又是来质问不联络的原因。“就当做什么都没发生吧……请忘了我！”电话荧幕简单得只有几个字，却重得让布莱恩差点拿不起，他气得顾不得会议，马上回电。他心里想，这难道只是玩玩吗？上过我就想跑喔？完全忘记自己也曾经有过这样的念头，曾经也把别人放在那个位置，只是，对方电话关机，而且一直关到现在，布莱恩到截稿还是没联络到珍妮丝……

三个月都找不到人，这样的情况，大同小异地发生在四十五岁的邓肯、三十四岁的凯尔和三十七岁的尼可拉斯身上，他们和布莱恩都有一个共同的疑问：“现在的小女孩究竟在想什么？”自己又不帅，又没给钱，又不会说情话，跟自己上床的原因到底是什么？尽管被甩得莫名，至今仍未有具体证据可说明这是个案或是趋势，这群不认输的中年人还是坚持，上完床哭着要对方负责是女性优良的传统美德……做完爱挥挥衣袖潇洒走开的角色是男生的专利……

还有，“就当做什么都没发生吧”这句台词，绝对不是由女人来说的，男人应该去申请专利……

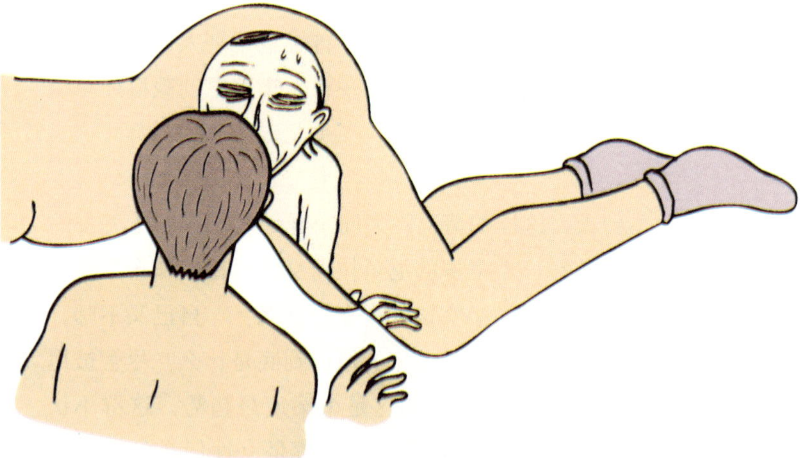

年轻女人的身体是一面镜子，照出中年男人的衰败和可悲。

第四十课
单身的不完美

他们叫我小何，今年三十三岁。我讨厌假日，礼拜天下午四点五十五分，一个人在家，距离起床的时间已经三个小时，该在假日做的劳役都做完了，我不想看书，不想上网，不想做任何有关输入道理的事，剩下能做的就是在厨房、客厅走来走去，无意识地一直按着电视遥控器转台。坦白说，我跟个有温度的尸体差不了多少。

星期天的下午，完美人生的状态应该是离开城市，呼朋引伴到海边逐浪、山中寻奇；次等些，也可以和三五好友逛逛超市，买几道食材，开瓶好酒，大家下厨做菜把酒言欢；再不然，最基本的，就是和心爱的人街头巷尾尝鲜或喝杯咖啡，想想晚上要看哪部电影……

而我，却在阳光灿烂的下午，没有参与任何一个完美的周日计划，一个人在厨房客厅走来走去，以及无意识地一直按着电视遥控器转台，看着电池量满格却一下午没响过半声的手机和不用喂食的假狗假猫，听着烘干机穿过隔音玻璃的转动声和街上突然的喇叭声，呼吸着满屋子最大含量的孤独的空气和莫名的单身腐臭味。

我的世界，包括自己，似乎生命的迹象都不是太明显，此时的意志几乎虚弱到连推销员或管理员跟我多说两句都会觉得开心，至少假日可以有活的东西来互动。我愿意“很、诚、实、地、自、省、并、改、进”，真的！只要能改变这样的困顿，我尽量试着不带掩饰地问自己：是否人缘不好？家庭失和？抑或条件差到没有女人看得上，以至于必须在人口密度排行前几名的都市离群索居？

乍看之下好像都不是，我的朋友很多，对人也算真诚，亲戚很爱我，而且每个月都固定拿钱回家，至于条件方面，我还有把握，若非自己的不肯妥协，骗几个妹妹对我而言不是件难事。那问题在哪儿？难道是不肯妥协那部分吗？难道要求情感完整的代价，就是得面对残缺的假日？

真的，可能性非常之大，请试着回想以前有女友双宿双飞的日子……

每次假日要找朋友一起出去玩时，单身的人一定是你们最后的考虑，因为很多话题就是要情侣才能谈出乐趣，有小孩的谈教育，没小孩的谈婚姻谈相处，跟单身的家伙谈怕他没兴趣，不管他又怕他无聊，两对情侣温暖，三对情侣热闹，四对情侣就像很欢乐的 party，但多了一个单身男人，怎么谈都奇怪！最后，在男人羡慕你的自由，女人不解你的标准的窘境，久而久之，单身的人就变成了友情的负担。

至于家人那一块，我们男人从开始出外奋斗后，那几乎是节日或婚丧喜庆才会想到的名词，好像 Discovery 介绍的哺乳类动物本能，成熟后就会远离群居生活的行为模式。单身的男人回到家也总是坐在沙发想着何时回台北才不堵车，要不就要忍受父母不断地质疑婚期或为何要跟上个女友分手的原因……要承受孤单外，还得化解双亲的迷惑，这双重的压力，真不是放假该出现的情节！除了良心发现或情非得已，单身状况下和家人相聚，是假日不太吸引人的选择。

久而久之，小何变成亲情的逃兵，所以，我说不妥协是假日保持孤单的最大祸首。但是，小何错了吗？不想浪费精神在没结果的感情上，不愿辜负肯付出的女生，不想因为寂寞而拉个人来在孤单坟场中陪葬，这样……他错了吗？也许，爱情的本质就只能维持在退而求其次的状态里，没有完美那件事。

还是，你觉得……他其实没看见别人眼中的自己，说穿了，只是个自以为是的讨厌鬼？我不知道，真的。

正面思考很好，但是悲伤也是种权利，
偶而难过一下，有益健康。

不论你在哪个城市、什么季节、谈几次恋爱，
只要你在地上画条线跨过去，
不再回头，你就是新的了！

sorry, I love you

对还余着感情的人说再见真的很难。
懂爱的，终究会理解，时间可以治疗一切，
然后放下，淡然，重生……
用剩余的美好去找寻更棒的美好。
可惜，不懂爱的人，
当爱已尽，只会用恨来告别，
因为不懂，所以只能强化或虚构对方的缺点来告诉自己，
逝去的感情根本不值，曾经的承诺全是错误，
心中那些在乎过的记忆才能挥发，
于是交往过的人都成了王八蛋，
久了，习惯了……
却忘了，心中的王八蛋只会找王八蛋来接力，
学不会抱歉，便永远只有别人对不起你的份。

后记

三十五岁男人不应该做的事

小时候，一直期待长大，因为可以抽烟，喝酒，赌博，交女友，开车狂奔，一个人住，与朋友瞎混到天亮，任性地乱花钱。再过两个月，我就正式地成为三十五岁的熟男了，也不能用实岁虚岁的花招来调整自己希望的年纪。

我，三十五岁了，四舍五入就是四十岁，悲惨一些的讲法，是中学女生眼中的大叔。

如今一个人住，每天开八缸引擎的车上班，下班后多的是一堆猪朋狗友和美眉等着夜夜笙歌……如果我高兴，提款卡里的余额也够我挥霍一小阵子。

昨天我还接到银行女专员甜美的电话，询问我是否要办无限卡，感觉自己似乎可以无限地享乐，照理讲，我小时候的愿望大部分都实现了。

然后呢？我快乐吗？

老实讲，我真的不知道……然后的问题最难了解。

现在大部分的人生和工作分不开，假日不是在家看碟就是洗洗车擦擦地，户外活动，主要的地点是电影街，我每天都期待好莱坞的大牌明星和导演能认真工作，便不用冒险去看一些烂片。

为什么不去完成愿望？

因为我现在喝挂就要用两天来补宿醉的体力，会痛苦地发我自己都不信的毒誓（譬如再喝酒就剁手指断脚筋之类的），而且第二天朋友嘲笑我喝醉的糗态，更让我悔意万分，打个三圈麻将就手脚冰冷，更别提熬夜，要发动车引擎一定要确定目的地有停车位。

至于美眉，如果要结婚的，必须考虑背景、脾气、学历、品行，身体健不健康，家人喜不喜欢，不结婚的，就要看身材好不好，有不有趣，还有她的嘴巴紧不紧，或者……会不会太认真。

那些当年陪你失恋淋雨奔跑在大马路的哥们儿，心情不好的时候，没人会支持你淋雨或奔跑，他们会建议你在 KTV 或夜总会做个选择，而且，不会有人陪你到天亮，因为老婆会起疑。

还有，我不晓得，我有钱要买什么，贵的买不起，便宜的看不上，我失去我的消费能力，清楚地讲，花钱并不能解决空虚。

最重要的是，所有的消遣不能让人认为我玩物丧志，最好跟工作有关。

很不自由，对吗？

以上所有我不自由的原因，除了生理的限制外，只有一个，就是我三十五岁了，我是一个成年男人。

成年男人，有很多事是不能做的，
成年男人必须庄重，
成年男人必须实际，
成年男人必须有固定的收入，
这是责任也是义务，如果你想做一个世俗眼光下称职的优秀男人，如果你想通过社会标准，让关心你的人不担心——放弃浪漫和疯狂籍贯，是进入成人世界的前提。

也许多心，但我实在看过太多抱着可爱人生观的成年男性被为数众多的老头子围剿的惨状，甚至有些加害者是女性。整个社会对成年男性的期待，很紧张……这像是社会集体教育男性重要的课程。

因此，我谨慎地打拼工作，以全公司兴亡为己任，以全家人过得好为目标，
学着，
难过不流泪，
痛苦不出声，
孤单不害怕，
动机非常单纯，
我只是想做好一个正确的成年男人。

虽然，到现在还体会不到打高尔夫球的乐趣，也实在喝不出十二年和十五年威士忌的差别，当然也无法说服自己用钱去买到爱情。

漫画比《商业周刊》吸引我，高兴时会学周星驰的笑声，看到百货公司的电动玩具专柜会分心，与老友见面喜欢比划功夫招式，捉弄女同事仍是我上班最大乐趣，和喜欢的人在一起还会撒娇……

再两个月就三十五岁了，我知道三十五岁的男人有些事是不能做的……

我会努力，放弃一些习惯，做个大家认为的好的成年男人……

我叫詹仁雄，上次这么专心地写我的名字，是考大学联考的时候，那时青春轮廓的线条，跟试卷上的签名一样清晰。

你呢？

还年轻吗？

我劝你大声哭，大声笑，大力地拥抱你爱的人，因为时间过去，

有些事你就得妥协了……